KB207334

트래블러스 노트와 함께하는

도쿄 골목 산책

일러두기

- 인명, 지명, 음식명 등은 국립국어원의 '외래어표기법'을 따라 표기했습니다.
- 다만 일부는 독자의 편의를 위해 관용적으로 사용되는 표기를 따랐습니다.

트래블러스 노트와 함께하는

도쿄 골목 산책

Tamy 지음 | 남가영 옮김

차례

Part 1 마음 설레는 거리 산책

part 2
특별한 날을 즐기는 낮술 산책

칼럼

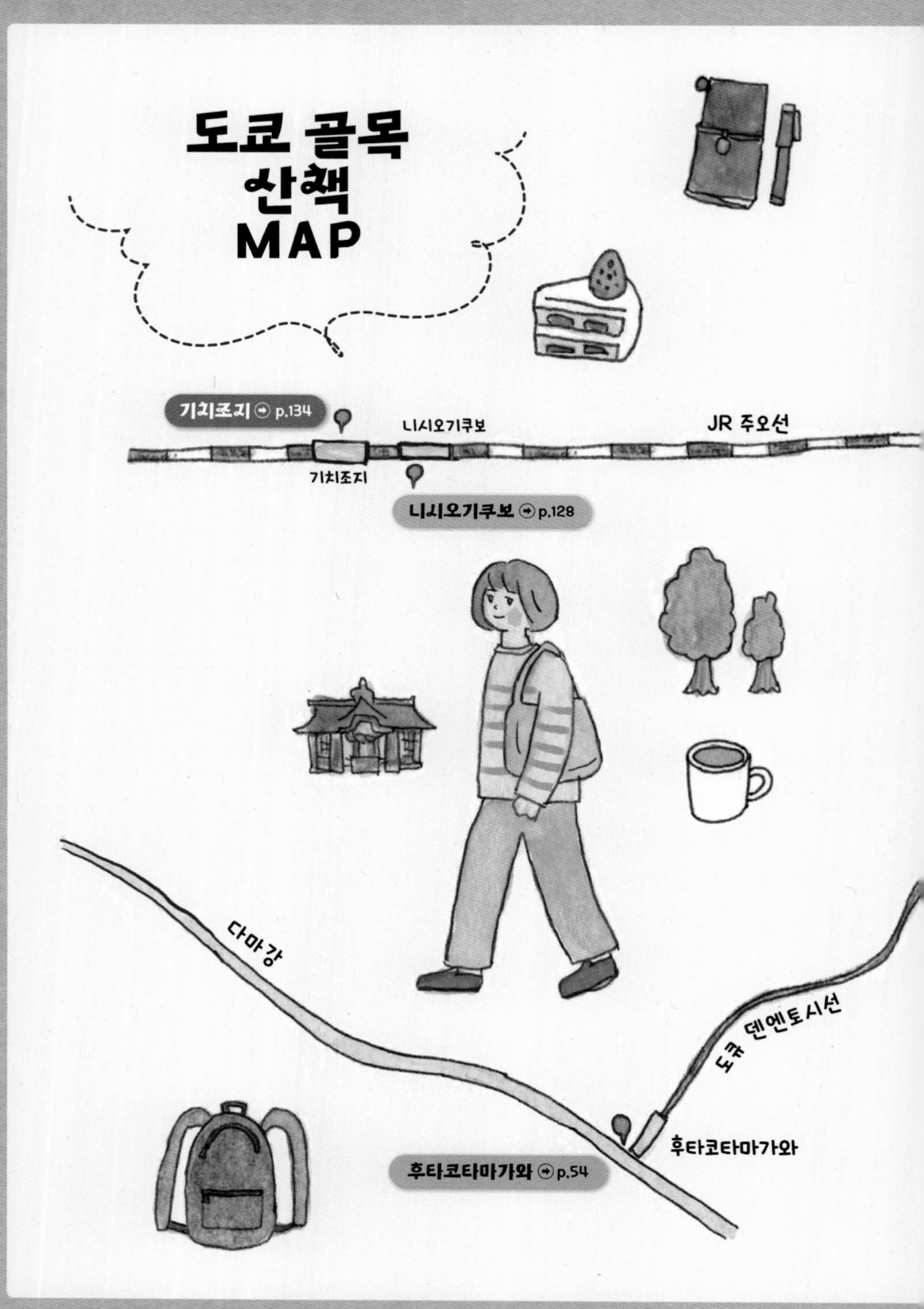
도쿄 골목
산책
MAP
기치조지 p.134
니시오기쿠보
JR 주오선
기치조지
니시오기쿠보 p.128
다마강
도큐 덴엔토시선
후타코타마가와
후타코타마가와 p.54

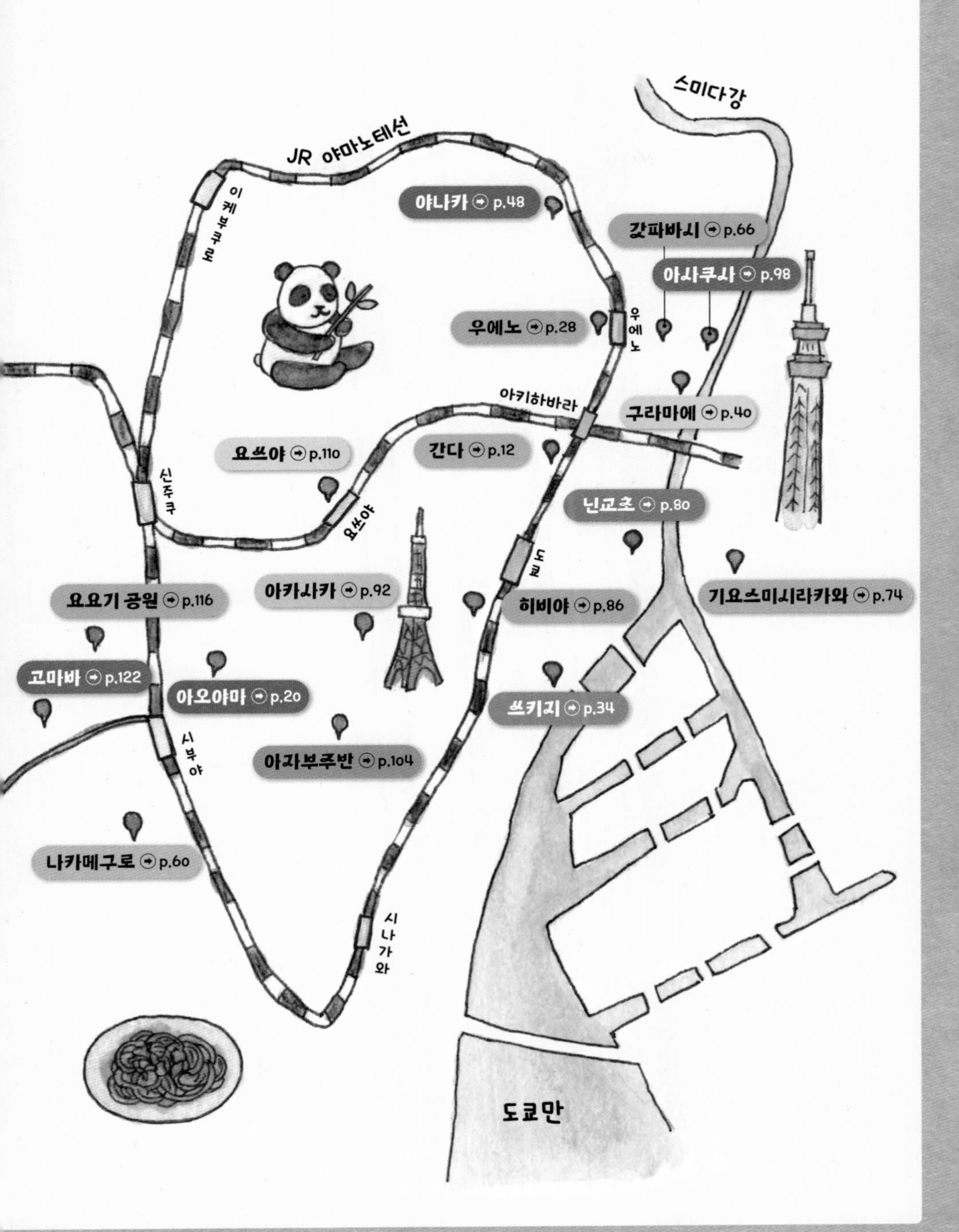
스미다강
JR 야마노테선
이케부쿠로
야나카 p.48
갓파바시 p.66
아사쿠사 p.98
우에노 p.28
우에노
아키하바라
구라마에 p.40
요쓰야 p.110
간다 p.12
신주쿠
요쓰야
닌교초 p.80
도쿄
요요기 공원 p.116
아카사카 p.92
히비야 p.86
기요스미시라카와 p.74
고마바 p.122
아오야마 p.20
쓰키지 p.34
시부야
아자부주반 p.104
나카메구로 p.60
시나가와
도쿄만

도쿄 골목 산책 방법

평소 신사나 사찰을 좋아해서 자주 찾는데, 방문한 곳들의 고슈인(御朱印, 전용 수첩에 신사와 절의 이름을 붓글씨로 쓰고 도장을 받는 것)을 모으고 싶어서 도쿄 산책을 시작했습니다. 후쿠오카 출신이다 보니 어디를 가도 관광하는 기분이었어요. 산책 코스를 정할 때는 가고 싶은 장소가 세 곳 이상 모인 동네를 우선순위에 두었습니다. 예전에는 아이가 어려서 하교 시간에 맞춰 집으로 돌아가야 했지만 지금은 시간 여유가 좀 생겼습니다.
늘 갖고 다니는 물건은 케이크나 빵이 망가지지 않게 담아 갈 수 있는 에코백, 고슈인첩, 야외 벤치에 앉을 때 사용할 작은 돗자리. 그리고 길을 찾을 때 지도 앱을 사용하므로 휴대 전화 배터리가 방전될 때를 대비해서 보조 배터리를 꼭 챙깁니다. 해가 저물면 사진을 찍어도 어둡게 나오기 때문에 나중에 기억을 떠올릴 수 있도록 현지에서 가볍게 스케치하곤 해요. 그때 가죽 재질의 트래블러스 노트와 연필을 사용하는데, 찢어지기 쉬운 노트는 보조 배터리와 함께 늘 파우치에 넣어 다닙니다. 여름에는 수분 보충을 위해 작은 물병을 가지고 다니고 보랭 가방도 잊지 않죠. 신발은 걷기 편한 운동화를 주로 신지만 레스토랑에 방문할 예정이 있을 때는 구두를 준비해 가서 갈아 신

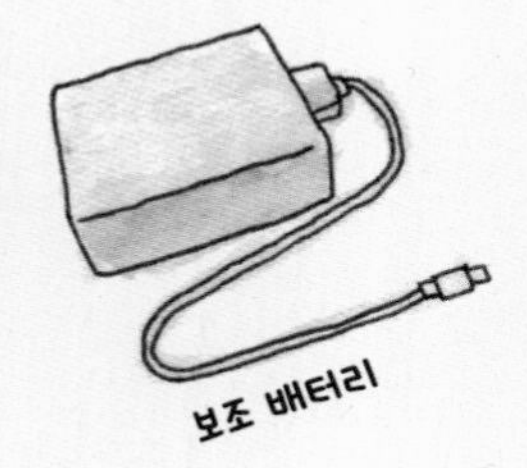

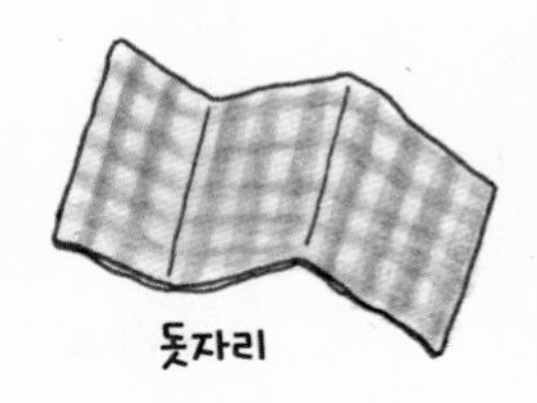

습니다.

산책할 동네에 도착하면 먼저 신사를 방문해 고슈인을 받고 맛있는 점심을 먹은 다음 가족에게 줄 선물을 꼭 사서 돌아가요. 선물로는 동네 인기 맛집에서 빵, 디저트, 화과자, 반찬 같은 것을 삽니다. 여러 장소를 돌아다니다 보면 레스토랑에서 사용하는 빵이 맞은편 제과점 제품이라는 사실 등 지역 점포들 사이의 관계가 보이기도 합니다. 또한 미술관과 박물관 등을 찾아다니다 보면 유서 깊은 건축물을 보며 감동받는 특별한 경험도 할 수 있어요.

학생 때부터 여행지의 풍경을 스케치하는 것을 정말 좋아해서 인스타그램에 그림일기를 올리기 시작한 지도 9년이 되었습니다. 거리의 풍경과 건물, 지역의 명물 요리는 그리고 싶은 마음을 주체할 수 없게 만드는 소재들이에요. 산책하면서 마주한 풍경을 그림으로 어떻게 표현할지 고민하는 일도 늘었답니다. 마음 설레게 만드는 아름다운 경관을 그리다 보면 이렇게 매력적인 거리를 사람 손으로 일궈냈다는 사실에 새삼 도쿄가 얼마나 멋진 곳인지 깨닫곤 해요.

자주 사용하는 문구류 ❶

9년 동안 사용해 손에 붙은 트래블러스 노트는 속지를 보충할 때 고무밴드로 고정하기만 하면 돼서 정말 편리해요. 한정판이나 컬래버레이션 디자인 제품을 찾기도 하고 여권 크기의 제품을 쓰기도 합니다. 장식을 달아서 나만의 디자인으로 완성하는 것도 즐거워요. 엣처(etchr)의 미니 팔레트는 트래블러스 노트에 사용하기 알맞은 크기인데, 도기가 지닌 매력은 물론이거니와 사용하기도 정말 편합니다. 연필과 지우개는 아이들과 함께 쓰고 있답니다.

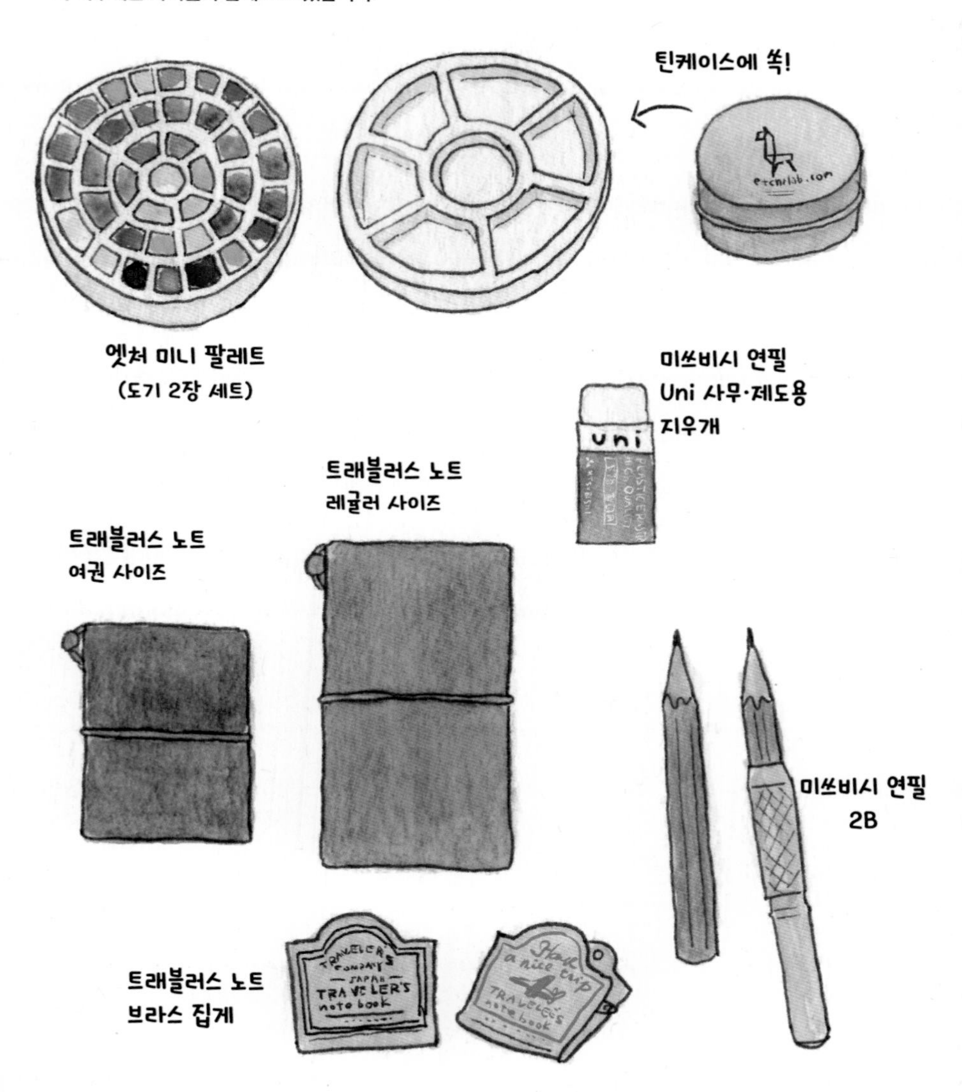

Part 1

마음 설레는 거리 산책

일과 가족을 중심으로 생활하다 보면 '나'는 늘 뒷전이 되기 마련이에요. 그때 자신을 돌보기 위해 거리로 나서고 싶어집니다. 조금 멀지만 계속 가고 싶었던 음식점, 새로 시작할 힘을 주는 신사, 인기 있는 디저트 맛집과 카페를 찾아갑니다. 흔들리는 전철에 몸을 싣고 이동할 때나, 눈이 번쩍 뜨이는 예술 작품과 거리의 풍경을 마주할 때는 물론, 매장 직원들과 나누는 대화까지, 거리 산책은 일상에서 벗어나 가슴 설레는 순간으로 가득합니다. 특히 목적지에 도착했다는 성취감은 무엇과도 바꿀 수 없는 보물이죠. 집에 돌아와서도 거리의 멋진 모습이 떠오르곤 해요.

유서 깊은 신사를 돌아보고,
레트로 감성 넘치는 근대 건축물 둘러보기

간다

1 간다 묘진 (神田明神)

p.15

2 Chome-16-2 Sotokanda, Chiyoda City, Tokyo

www.kandamyoujin.or.jp

2 유시마 성당 (湯島聖堂)

p.18

1 Chome-4-25 Yushima, Bunkyo City, Tokyo

www.seido.or.jp

3 오우미야 양과자점 (近江屋洋菓子店)

p.17

2 Chome-4 Kanda Awajicho, Chiyoda City, Tokyo

www.ohmiyayougashiten.co.jp

4 도리스키야키 보탄 (鳥すきやき ぼたん)

p.16

1 Chome-15 Kanda Sudacho, Chiyoda City, Tokyo

www.sukiyaki-botan.jp/honten

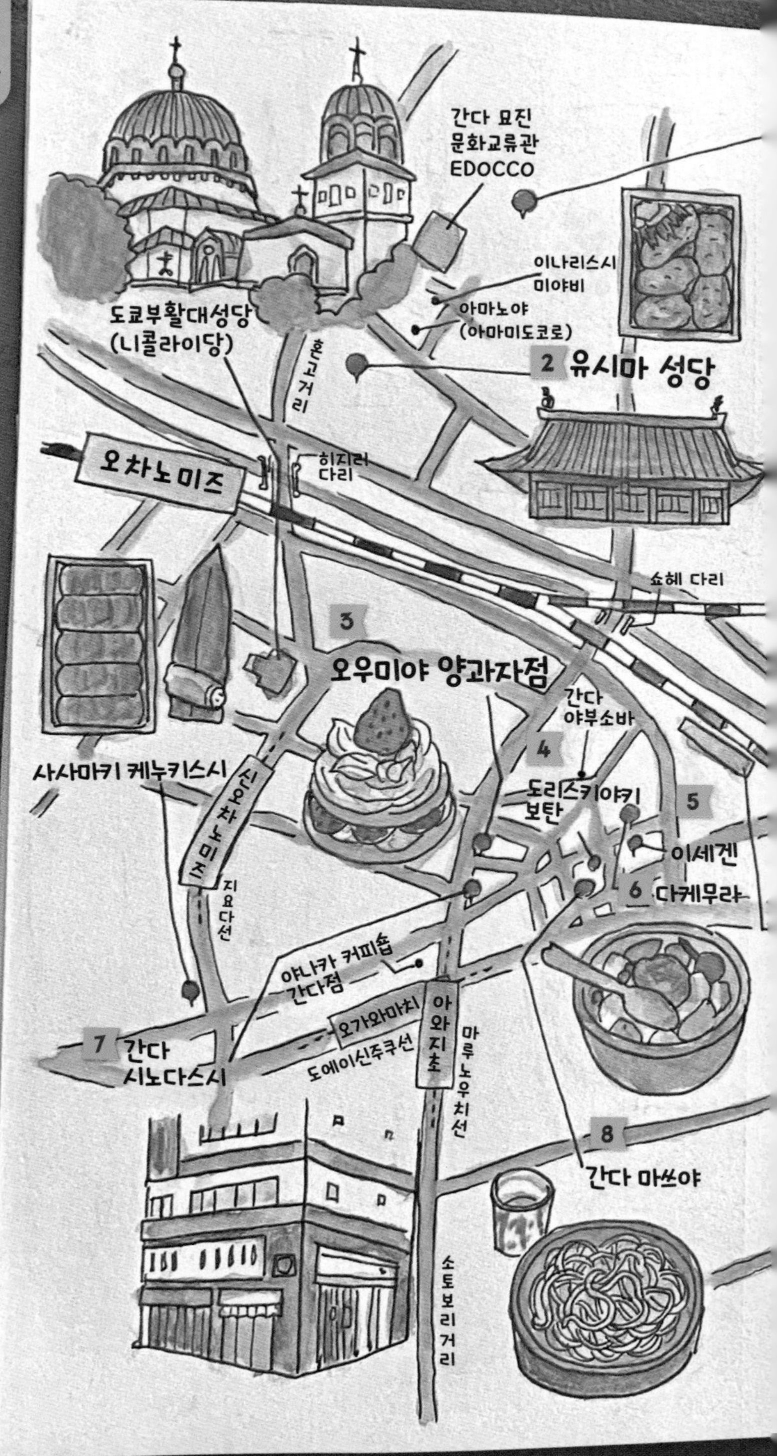

5 이세겐(いせ源)

p.16

1 Chome-11-1 Kanda Sudacho, Chiyoda City, Tokyo

isegen.com

6 다케무라(竹むら)

p.16

1 Chome-19 Kanda Sudacho, Chiyoda City, Tokyo

7 간다 시노다스시 (神田志乃多寿司)

p.18

2 Chome-2-1 Kanda Awajicho, Chiyoda City, Tokyo

www.kanda-shinodasushi.co.jp/frame.htm

8 간다 마쓰야 (神田まつや)

p.14

1 Chome-13 Kanda Sudacho, Chiyoda City, Tokyo

www.kanda-matsuya.jp

TRAVELER'S COMPANY — JAPAN — TRAVELER'S notebook MADE IN JAPAN

간다 마쓰야

1884년 문을 연 소바 전문점

술을 주문하면
안주로 소바미소(메밀 된장)가
나옵니다.

고마소바
(참깨 메밀국수)

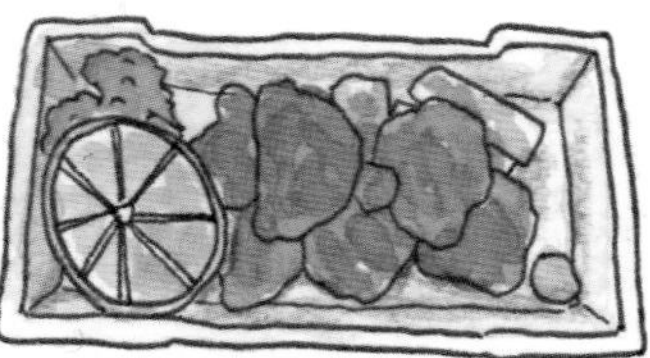

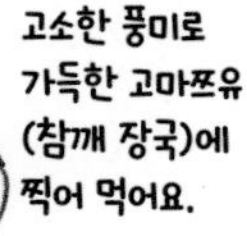

고소한 풍미로
가득한 고마쯔유
(참깨 장국)에
찍어 먹어요.

많은 사람이
주문하는 야키토리
(닭꼬치)

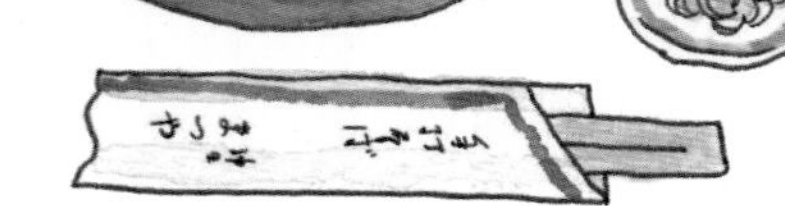

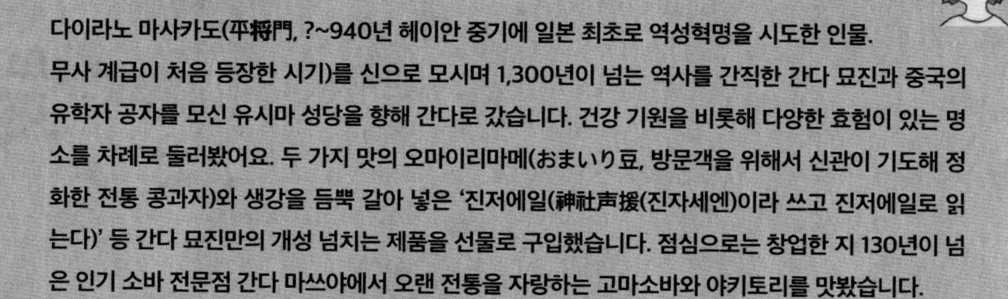

다이라노 마사카도(平将門, ?~940년 헤이안 중기에 일본 최초로 역성혁명을 시도한 인물. 무사 계급이 처음 등장한 시기)를 신으로 모시며 1,300년이 넘는 역사를 간직한 간다 묘진과 중국의 유학자 공자를 모신 유시마 성당을 향해 간다로 갔습니다. 건강 기원을 비롯해 다양한 효험이 있는 명소를 차례로 둘러봤어요. 두 가지 맛의 오마이리마메(おまいり豆, 방문객을 위해서 신관이 기도해 정화한 전통 콩과자)와 생강을 듬뿍 갈아 넣은 '진저에일(神社声援(진자세엔)이라 쓰고 진저에일로 읽는다)' 등 간다 묘진만의 개성 넘치는 제품을 선물로 구입했습니다. 점심으로는 창업한 지 130년이 넘은 인기 소바 전문점 간다 마쓰야에서 오랜 전통을 자랑하는 고마소바와 야키토리를 맛봤습니다.

오마이리마메

견과류에 쌀가루를 입힌 다음
구워서 만든 과자
콩고물 맛과 간장 맛 모두 인기 만점

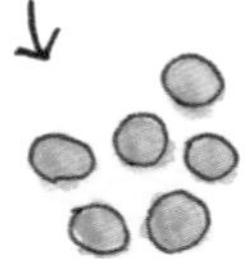

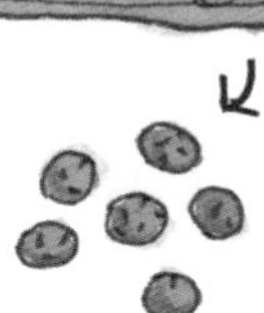

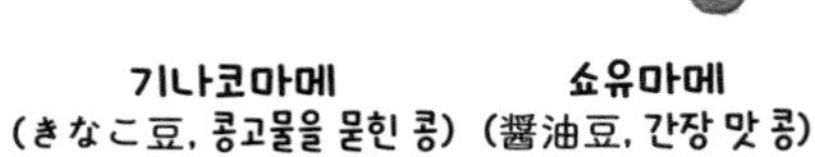

기나코마메
(きなこ豆, 콩고물을 묻힌 콩)

쇼유마메
(醤油豆, 간장 맛 콩)

사업 부적(명함 지갑 포함)

사업 운이 트이길 바라는 분에게 추천하는 부적

간다 묘진 문화교류관 'EDOCCO'

진저에일

알싸한 생강 맛이 매력적인,
어른을 위한 진저에일

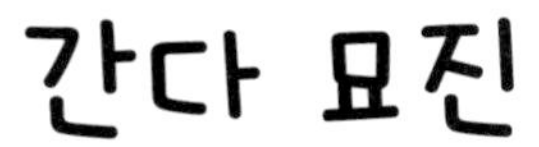

간다 묘진

에도 3대 축제 가운데 하나인 '간다 마쓰리(神田祭)'가 유명합니다.
에도 시대부터 지역 주민들에게 사랑받아 온 신사입니다.

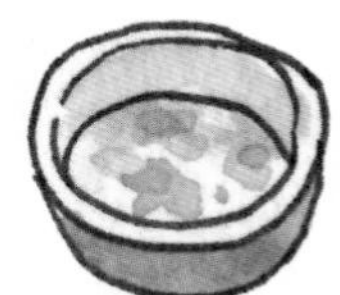

사쿠라차(벚꽃을 소금에 절여 만든 차)의 소금기가 단팥과 절묘하게 어우러집니다.

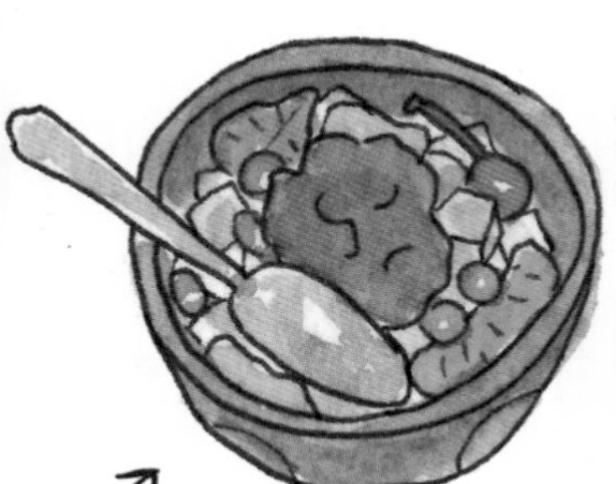

안미츠(あんみつ, 한천에 단팥과 여러 과일을 올리고 꿀을 뿌려서 먹는 디저트)

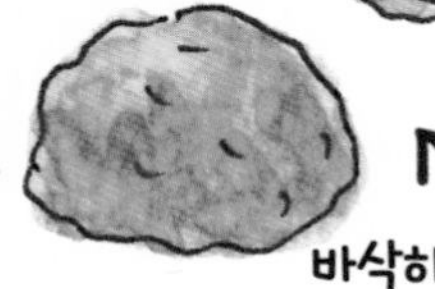

바삭하게 튀긴 팥소 만쥬는 테이크아웃도 OK!

다케무라

1930년에 세워진 아마미도코로(전통 디저트 가게)

도쿄에 있는 역사적 건축물

과거 번화가였던 이 지역은 도쿄 대공습(1945년 미국이 제2차 세계대전 종식을 위해 일본 본토에 대규모로 진행한 폭격)에서 살아남아, 옛 정취를 그대로 간직한 노포가 곳곳에 남아 있습니다.

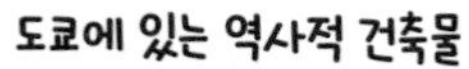

아귀요리 전문점

이세겐

도리스키야키(닭고기 스키야키)

보탄

오우미야 양과자점

고풍적인 분위기의 노포 양과자점

레트로한 느낌의
케이크 상자와 포장지가
귀엽습니다.

직원의 유니폼도
멋지네요.

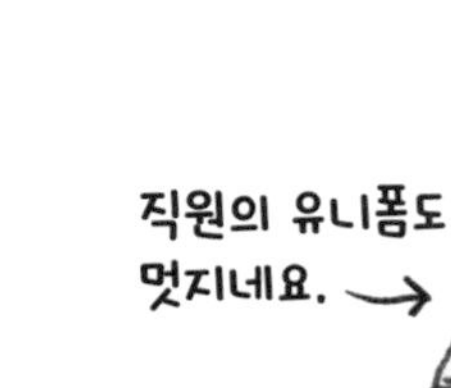

케이크는 노포에서만
맛볼 수 있는 그리운 맛으로,
단골이 많습니다.

인기 폭발
과일 펀치

포슬포슬한 식감의
마들렌

번화가에 발을 내디디면, 노포 맛집이 줄지어 늘어서 있는 런치 격전지가 눈앞에 펼쳐집니다. 그중에서도 간다 마쓰야와 전통 디저트 가게인 다케무라, 도리스키야키 보탄, 아귀요리 전문점 이세겐이 입점한 건물은 역사적 가치가 있는 건축물로 선정된 곳이에요. 이곳 간다 스다초 주변은 도쿄 대공습의 화마에서 살아남은 '기적의 트라이앵글 지대'라고 불리는 지역입니다. 메이지 시대(1867~1912)에 문을 연 고풍스러운 분위기의 오우미야 양과자점과 간다 시노다스시처럼 옛 번화가의 정취가 그대로 남아 있는 레트로한 분위기의 매장이 많은 것도 이해가 됩니다.

유시마 성당

유좌지기(宥坐之器)
"속이 비면 기울고 적당하면 곧게 서 있지만
가득 차면 결국 뒤집힌다."
공자가 중용의 중요성을 설명하는 데 사용한 도구

간다 시노다스시

1902년 창업
포장 전문 이나리스시(유부초밥)와 마키스시(김초밥) 가게

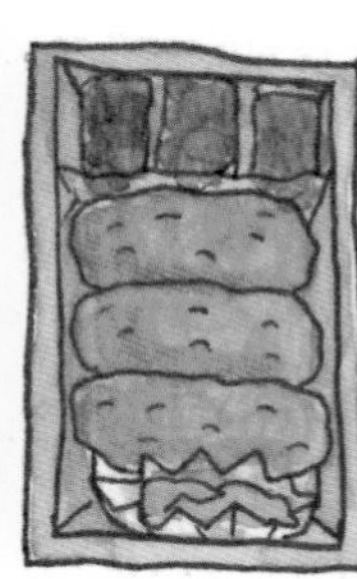

두툼하게 썰어서 조린
박고지를 넣은 김밥

포장지는 화가 스즈키 신타로
(鈴木信太郎, 1895~1989)의 일러스트

초밥 상자에는 화가 다니우치 로쿠로
(谷内六郎, 1921~1981)의 일러스트가 그려져 있습니다.

거리에서 운명처럼 마주친 당근케이크 맛집 추천

nephew (요요기 공원)

바닐라와 레몬 향기가 가득한 프로스팅.
흑설탕의 은은한 달콤함과 시나몬 향이 어우러진 케이크.
땅콩과 건포도를 씹는 즐거움까지 맛볼 수 있어요.

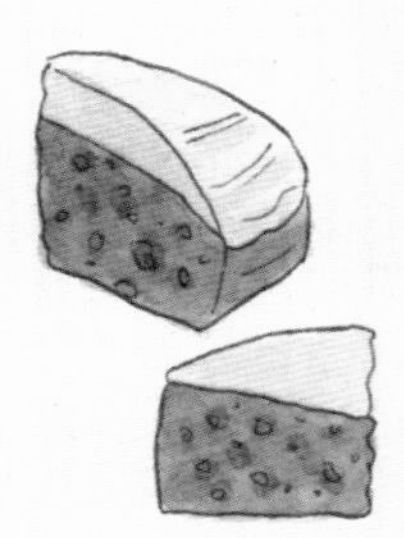

THE CITY BAKERY 나카메구로역 (나카메구로)

프로스팅에는 오렌지 필을 넣고,
촉촉한 케이크에는 건포도와 땅콩, 초코칩까지 더했습니다.

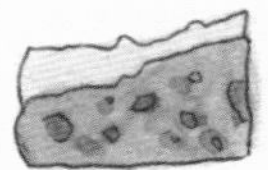

Sunday Bake Shop (하타가야)

프로스팅이 수북이 올라간 케이크는 정말 촉촉하고
건포도와 호두가 들어 있어요.
은은하게 시나몬 향이 나며, 컵케이크 모양입니다.

Tiny Toria Tearoom (닌교초)

달콤함에 절로 미소가 지어지는 프로스팅.
촉촉한 케이크에는 호두와 건포도가 듬뿍.
폭신폭신한 식감에 씹을수록 입안 가득 시나몬 향이 퍼져요.

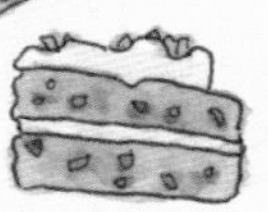

HUDSON MARKET BAKERS (아자부주반)

진한 치즈 프로스팅.
땅콩과 건포도가 들어간 케이크에
시나몬 향이 어우러져 환상의 하모니를 만듭니다.
두 종류의 당근케이크를 판매하는 날도 있습니다.

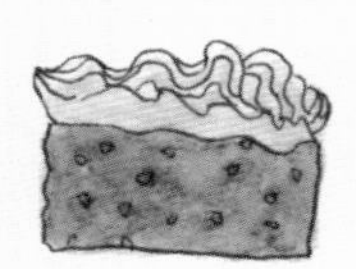

Café Lisette (후타코타마가와)

산뜻한 느낌의 치즈 프로스팅.
단맛을 줄여서 시나몬 향이 더욱 두드러집니다.
두툼한 케이크에는 건포도가 들어 있습니다.

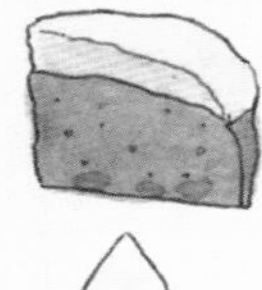

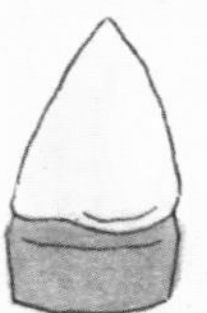

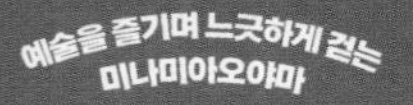

아오야마

1 네즈미술관 (根津美術館)

p.24

6 Chome-5-1 Minamiaoyama, Minato City, Tokyo

www.nezu-muse.or.jp

Instagram @nezumuseum

2 buik

p.25

1F, 4 Chome-26-12 Minamiaoyama, Minato City, Tokyo

Instagram @buik_tokyo

3 오카모토 타로 기념관 (岡本太郎記念館)

p.22

6 Chome-1-19 Minamiaoyama, Minato City, Tokyo

taro-okamoto.or.jp

4 요쿠모쿠 뮤지엄 (ヨックモックミュージアム)

➡ p.23

📍 6 Chome-15-1 Minamiaoyama, Minato City, Tokyo

🌐 yokumokumuseum.com

5 IL PACIOCCONE CASEIFICIO

➡ p.27

📍 6 Chome-15-8 Minamiaoyama, Minato City, Tokyo

Instagram @paciocconetokyo

6 pieni takka

➡ p.26

📍 102 ZELKOVA ANNEX, 4 Chome-15-3, Jingumae, Shibuya City, Tokyo

🌐 pieni-takka.com

Instagram @candle_studio_pieni_takka

7 고쿠가쿠인대학 박물관 (國學院大學博物館)

➡ p.25

📍 4 Chome-10-28 Higashi, Shibuya, Tokyo

🌐 museum.kokugakuin.ac.jp

오카모토 타로 기념관

오카모토 타로(1911~1996, 일본 패전 후 대중적 인기를 얻은 예술가.
오사카만국박람회 때 태양의 탑을 만들었다)가 42년 동안 살았던 아틀리에를 공개하며
만든 기념관. 아틀리에에는 지금도 많은 캔버스와 그림 도구가 남아 있어
오카모토의 열정이 그대로 전해집니다.

넓게 펼쳐진 일본 정원으로 유명한 네즈미술관을 향해서 오랜만에 아오야마에 갔습니다. 메인스트리트 주변은 젊은이들로 활기가 넘치지만, 작은 길로 들어서면 거리의 소란함은 잦아들고 예술적인 건물과 매장에 시선을 빼앗깁니다. 키슈가 맛있는 카페 부익도 그런 조용한 주택가 한구석에 자리하고 있어요. 오카모토 타로 기념관과 요쿠모쿠 뮤지엄까지 걸어서 갈 수 있는 거리이고 히로오 쪽으로 좀 더 걸어가면 고쿠가쿠인대학 박물관까지 닿을 수 있습니다. 곳곳에서 예술을 즐길 수 있는 미나미아오야마는 젊은이뿐 아니라 중장년층에게도 추천하는 멋진 거리입니다.

요쿠모쿠 뮤지엄

피카소의 도자기 작품을 중심으로 전시한 미술관

2층 포토 존에는 피카소의 아틀리에를 재현해두었는데 햇살이 밝게 비춰서 기분 좋은 공간입니다.

화장실 픽토그램이 마치 도자기 같습니다.

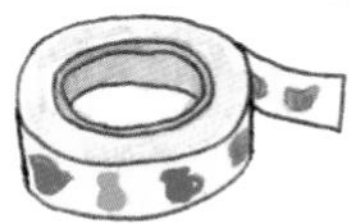

마스킹 테이프

뮤지엄의 로고를 모티브로 한 MD가 귀엽습니다.

토트백

요쿠모쿠 하면 떠오르는 시가롤(롤 과자)
피카소 캔은 뮤지엄 오리지널!

쁘띠 시가롤
'발로리스(Vallauris)' 캔

뮤지엄 한정 케이크
'발로리스'

카페 발로리스

한입 크기의 케이크 미냐르디즈. 피카소가 도자기를 제작한 남프랑스의 마을 발로리스에서 이름을 따왔습니다.

입구 홀에는
불상을 전시하고 있습니다.

네즈미술관

온라인 예약제
정원은 미술관 관람객만
입장 가능
자세한 사항은 홈페이지 참조

일본 전통을 현대적으로 접근했습니다.

티켓은 미술관이 소장한
중요문화재 '쌍양존(双羊尊)'
디자인

다실이 네 군데나 있는 넓은 정원

'네즈 카페'에서
푸르른 정원을 즐기면서 티타임

고쿠가쿠인대학 박물관

대학이 소유한 일본 문화재를
공개 전시한 박물관입니다.

전시 유물이
바뀌기도 합니다.

선사시대 전시실의
토우(土偶)와 토용(埴輪)이 압권입니다!

buik

문을 열면 먹음직스러운
구움과자가 눈에 띕니다.
차분한 분위기에
마음이 편안해지는 카페예요.

런치 메뉴인 키슈 세트

주마다 바뀌는 키슈는 갓 구워서 따끈따끈하고
양도 푸짐합니다. 샐러드와 곁들임 요리도 있습니다.
허브와 비니거를 맛깔나게 사용하는데
모든 요리가 정말 맛있어요.

캔들 공방
peini takka

오모테산도에 있는 캔들 공방의
워크숍에 참가했습니다.
아기자기하고 멋진 양초로 둘러싸인 힐링 공간에서
양초를 만들었어요.
아야노 선생님의 친절한 설명을 들으면서
생초보인 저도 어찌저찌 모양을 만들어 완성!
성취감은 이루 다 말할 수 없었답니다.

요쿠모쿠 뮤지엄에는 직영 매장인 카페 발로리스가 있고 네즈미술관에는 네즈 카페가 있지만, 롯폰기 거리를 쭉 따라가면 만날 수 있는 트라토리아 일 파치오코네 카세이피치오를 추천합니다. 이탈리아 본고장의 맛이랍니다. 혼자서도 부담 없이 피자와 파스타를 즐길 수 있는 곳이에요. 한편, 손을 꼼지락거리며 만드는 것을 정말 좋아해서 피에니 타카의 캔들 워크숍에 참가했습니다. 흠뻑 빠져서 캔들을 만지작거리다 보면 어느새 따스한 분위기의 멋진 캔들을 완성할 수 있어요. 배움에 대한 욕심도 채워지는 시간이었습니다.

IL PACIOCCONE CASEIFICIO

1998년 단독주택에 문을 연 이탈리안 음식점입니다.
1층에는 트라토리아 모차렐라 공방과 피자 화덕이 있고
2층에는 레스토랑이 있어요.

화덕에서 구운 피자는
바삭바삭한 도우와
말랑말랑하게 녹은 신선한 치즈가
최고의 하모니를 만듭니다.

올리브 오일과 수제 칠리 오일이
좋은 악센트가 됩니다.

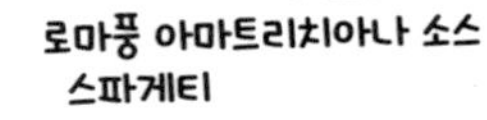

로마풍 아마트리치아나 소스
스파게티

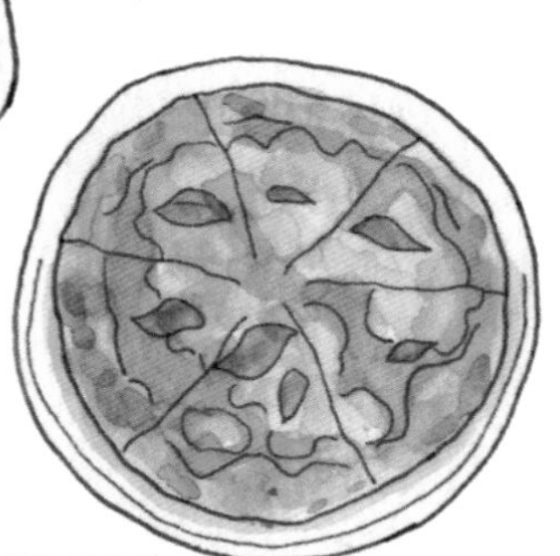

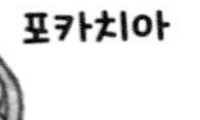

포카치아

돌체

마르게리타

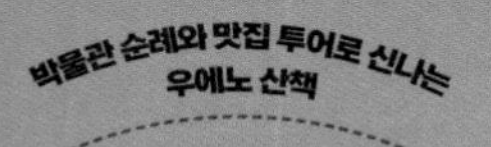

우에노

1 안데르센 아트레 우에노점 (アンデルセンアトレ上野店)

➔ p.33

📍 1F, 7st Atre Ueno, 7 Chome-1-1, Ueno, Taito City, Tokyo

🌐 www.andersen.co.jp

2 우에노 야부소바 (上野薮そば)

➔ p.33

📍 6 Chome-9-16 Ueno, Taito City, Tokyo

🌐 www.uenoyabusobasouhonten.com

3 니쿠노 오야마 우에노점 (肉の大山 上野店)

➔ p.31

📍 6 Chome-13-2 Ueno, Taito City, Tokyo

🌐 www.ohyama.com

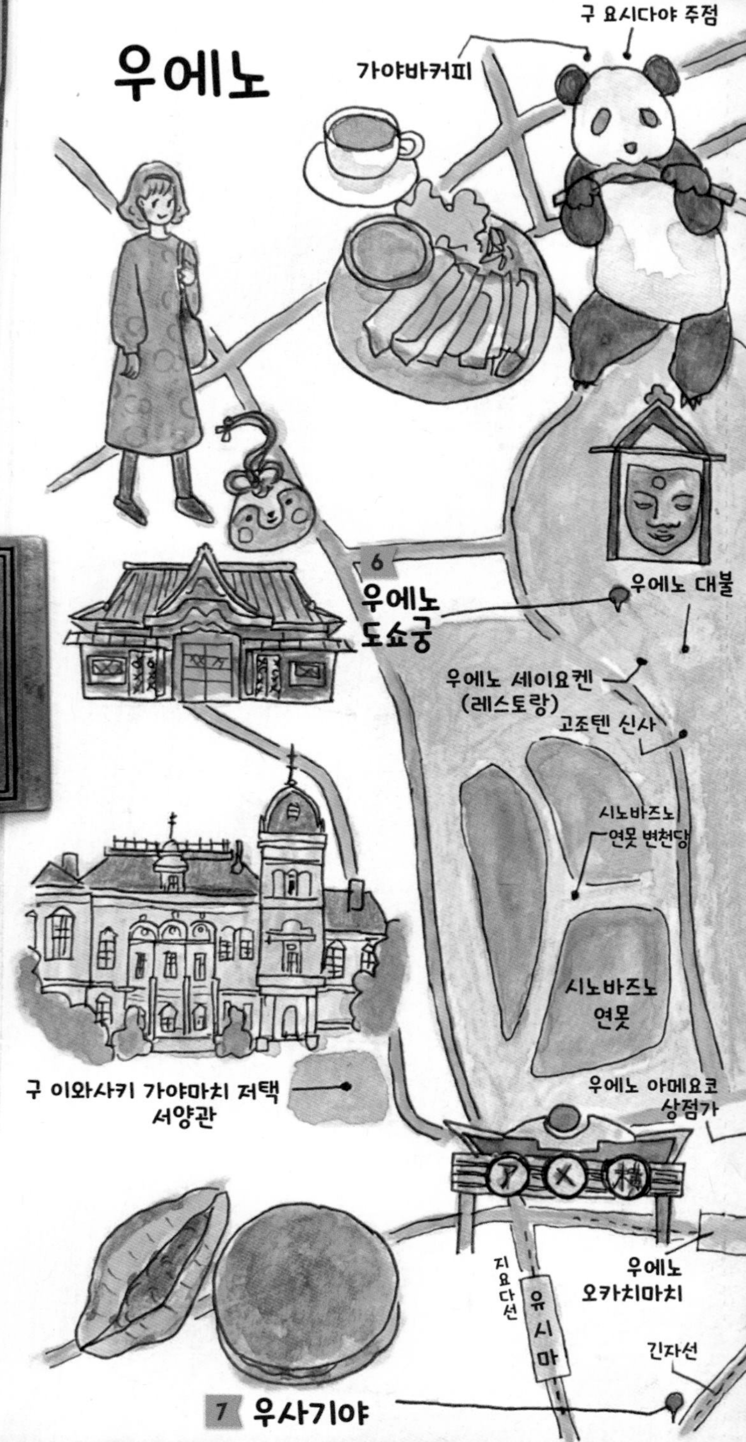

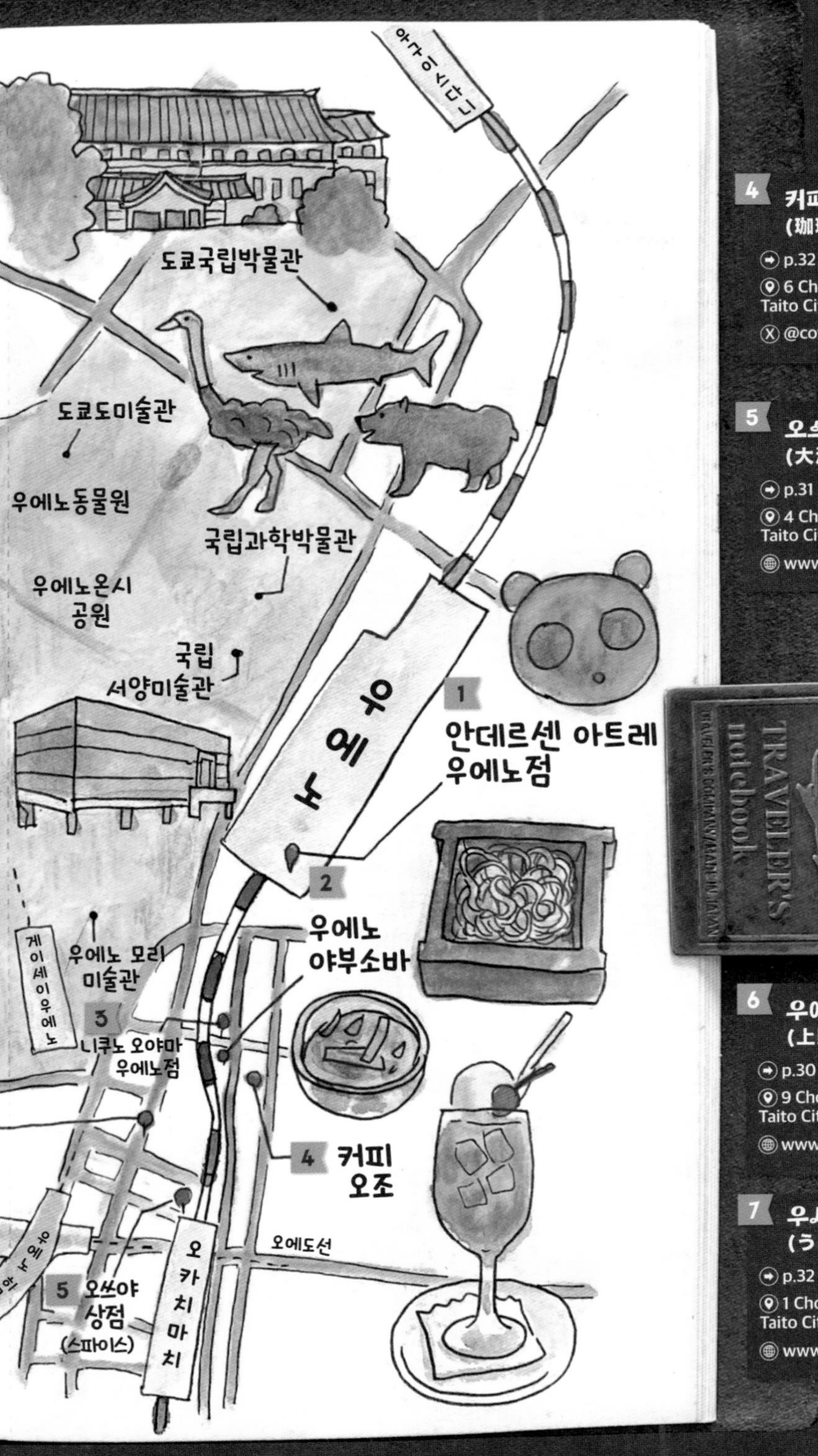

4 커피 오조 (珈琲王城)

p.32

6 Chome-8-15 Ueno, Taito City, Tokyo

@coffeeoujou

5 오쓰야 상점 (大津屋商店)

p.31

4 Chome-6-13 Ueno, Taito City, Tokyo

www.ohtsuya.com

6 우에노 도쇼궁 (上野東照宮)

p.30

9 Chome-88 Uenokoen, Taito City, Tokyo

www.uenotoshogu.com

7 우사기야 (うさぎや)

p.32

1 Chome-10-10 Ueno, Taito City, Tokyo

www.ueno-usagiya.jp

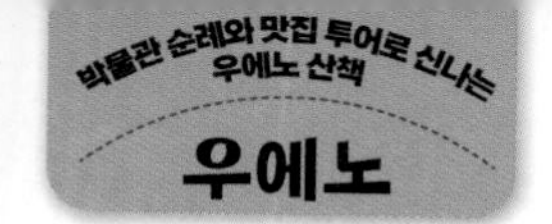

우에노 도쇼궁

우에노온시 공원에 자리하고 있습니다.

도쿠가와 이에야스(徳河家康, 1542~1616,
에도 막부의 초대 쇼군)를 모시고 있어요.

에이요곤겐샤(栄誉権現社)의 여우신은
시험과 승리의 신

우에노라는 이름에 걸맞은
귀여운 부적입니다.

아기 너구리

판다

국립과학박물관과 도쿄도미술관, 도쿄국립박물관 등 뮤지엄 순례를 즐길 수 있는 우에노는 세계적인 '예술의 거리'입니다. 도쿠가와 이에야스를 모신 신사로 유명한 우에노 도쇼궁에서 고슈인을 받은 다음, 우에노 아트레에 있는 안데르센의 수량 한정 '판다빵'을 직접 마주하니 절로 미소가 지어졌어요. 우에노 아메요코 상점가에 위치한 오쓰야 상점의 다양한 향신료는 카레를 만들 때 요긴하게 사용할 수 있습니다. 니쿠노 오야마의 멘치카츠와 우사기야의 도라야키 같은 길거리 음식은 저렴하면서 맛있어요.

우에노 아메요코 상점가

400개의 점포가 즐비한 상점가

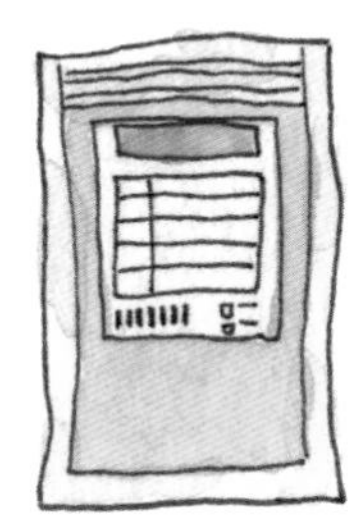

쿠민 파우더

스파이스 카레 향신료 세트 (레시피 포함)

오쓰야 상점

아메요코에 있는 향신료와 콩 전문점.
특히 카레 향신료의 종류가 많습니다.

특제 멘치카츠는
바삭바삭하고 고기 육즙이 가득!

니쿠노 오야마 우에노점

스테이크와 햄버그스테이크 같은
고기 요리가 맛깔난 레스토랑.
매장에서 멘치카츠를 포장했습니다.

커피 오조

많은 사람이 찾는 준킷사(順喫茶, 주류를 판매하지 않고 커피, 차, 간단한 음식을 제공하는 커피숍).
매장 안은 레트로한 감성으로 가득합니다.
메뉴 라인업도 옛 감성을 자극하네요!

두툼하게 자른 식빵으로 만든
피자 토스트는 폭신폭신합니다!

대추 우유 같은
한방차도 있습니다.

폭신하고 촉촉한 반죽과
고급스러운 팥소가 가득

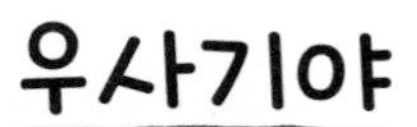

우사기야

1913년에 문을 연 화과자점입니다.
시그니처 메뉴인 도라야키를 사기 위해
장사진을 이루는 곳으로 유명해요.

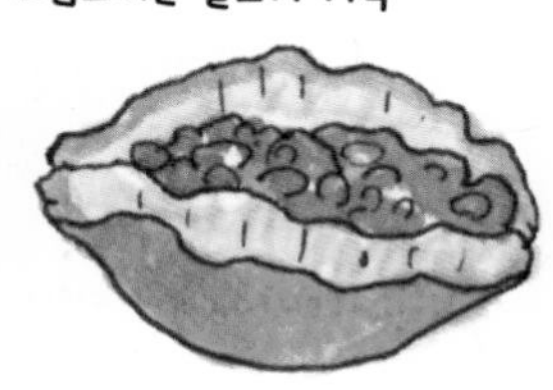

안데르센 아트레 우에노점

우에노역 건물에 있는 빵집 안데르센.
우에노 한정 판다빵은 기념품으로 사고 싶어요!

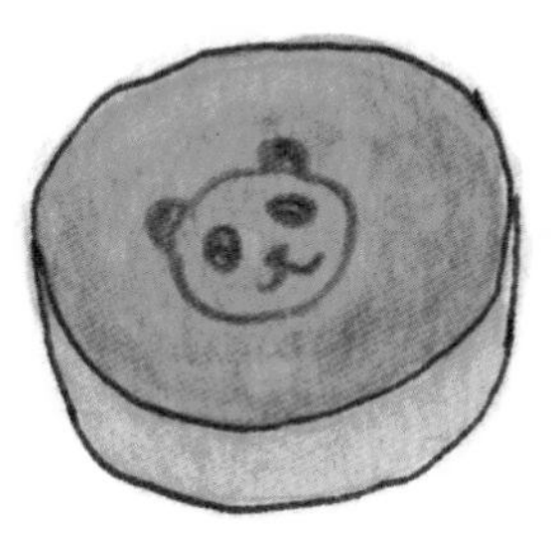

앙판다
(あんパンダ, 팥 판다)

판다 식빵

판다 크림빵

우에노 야부소바

1892년 오픈 이래로 오랜 역사를 자랑하는 소바 전문점.
인기 메뉴는 텐세이로(天せいろ, 튀김과 냉메밀국수)와
가모난세이로(鴨南せいろ, 오리고기와 냉메밀국수)입니다.
일품요리도 굉장히 맛있어요.

이타와사(板わさ,
얇게 썬 어묵과 고추냉이)

아이야키 아이가모
(あいやき合鴨, 청둥오리 구이)

가모난세이로는
뜨끈한 국물과 함께 먹습니다.

관광객과 지역 주민이 한데 어우러져 늘 붐비는 '도쿄의 부엌'

쓰키지

1 쓰키지 미유키도 (つきじ味幸堂)

p.38

4 Chome-14-1 Tsukiji, Chuo City, Tokyo

tukizimiyukido.raku-uru.jp

2 쓰키지 스즈토미 스시토미 본점 (つきじ鈴富すし富本店)

p.38

6 Chome-23-12 Tsukiji, Chuo City, Tokyo

sushitomi.hp.peraichi.com/tsukijisuzutomi

3 나미요케 신사 (波除神社)

p.36

6 Chome-20-37 Tsukiji, Chuo City, Tokyo

www.namiyoke.or.jp

4 우오가시 메이차 쓰키지 본점 (おうがし銘茶 築地本店)

p.39

4 Chome-10-1 Tsukiji, Chuo City, Tokyo

www.uogashi-meicha.co.jp/shop_tsukiji

Instagram @uogashimeicha

5 쓰키지 히타치야 (つきじ常陸屋)

p.36

4 Chome-12-5 Tsukiji, Chuo City, Tokyo

www.hitachiya.com

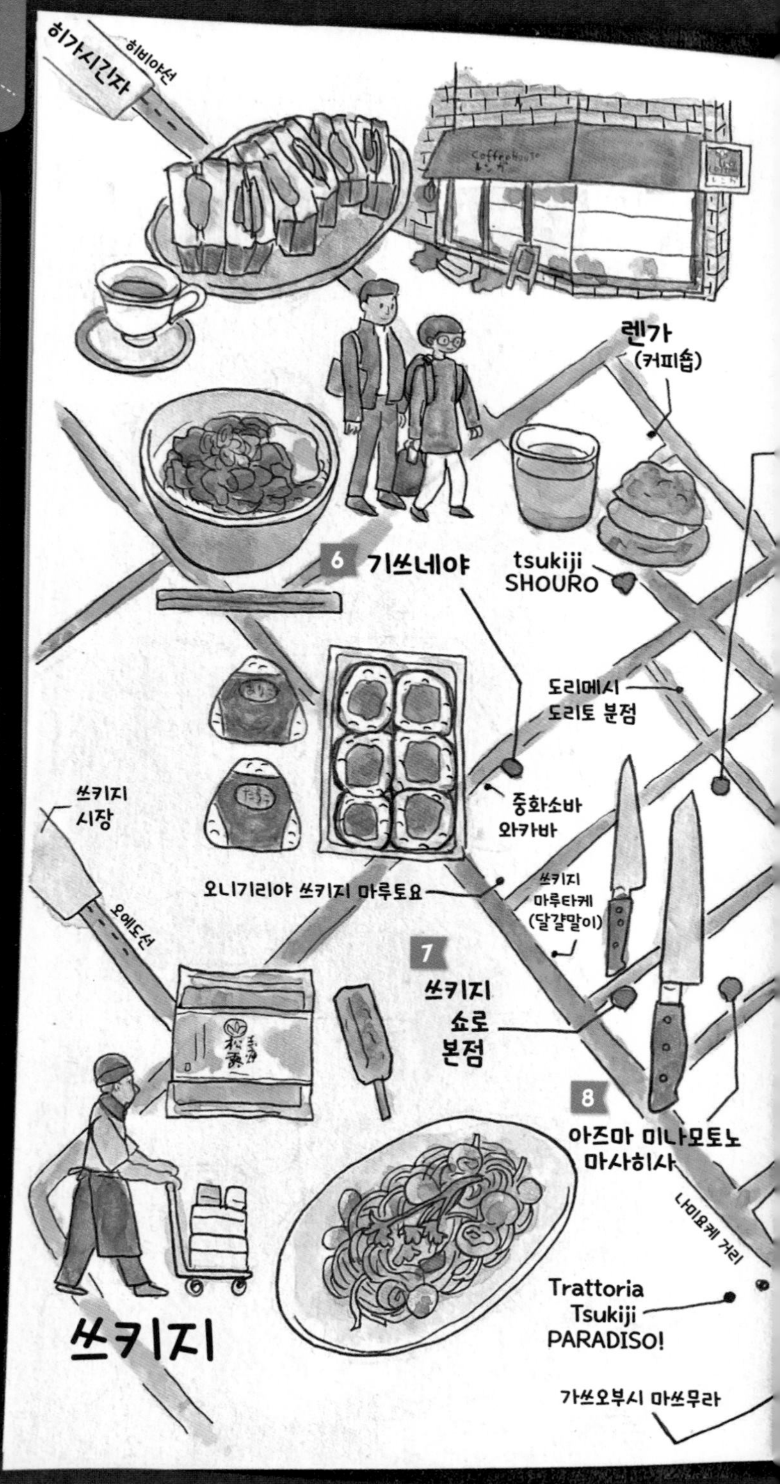

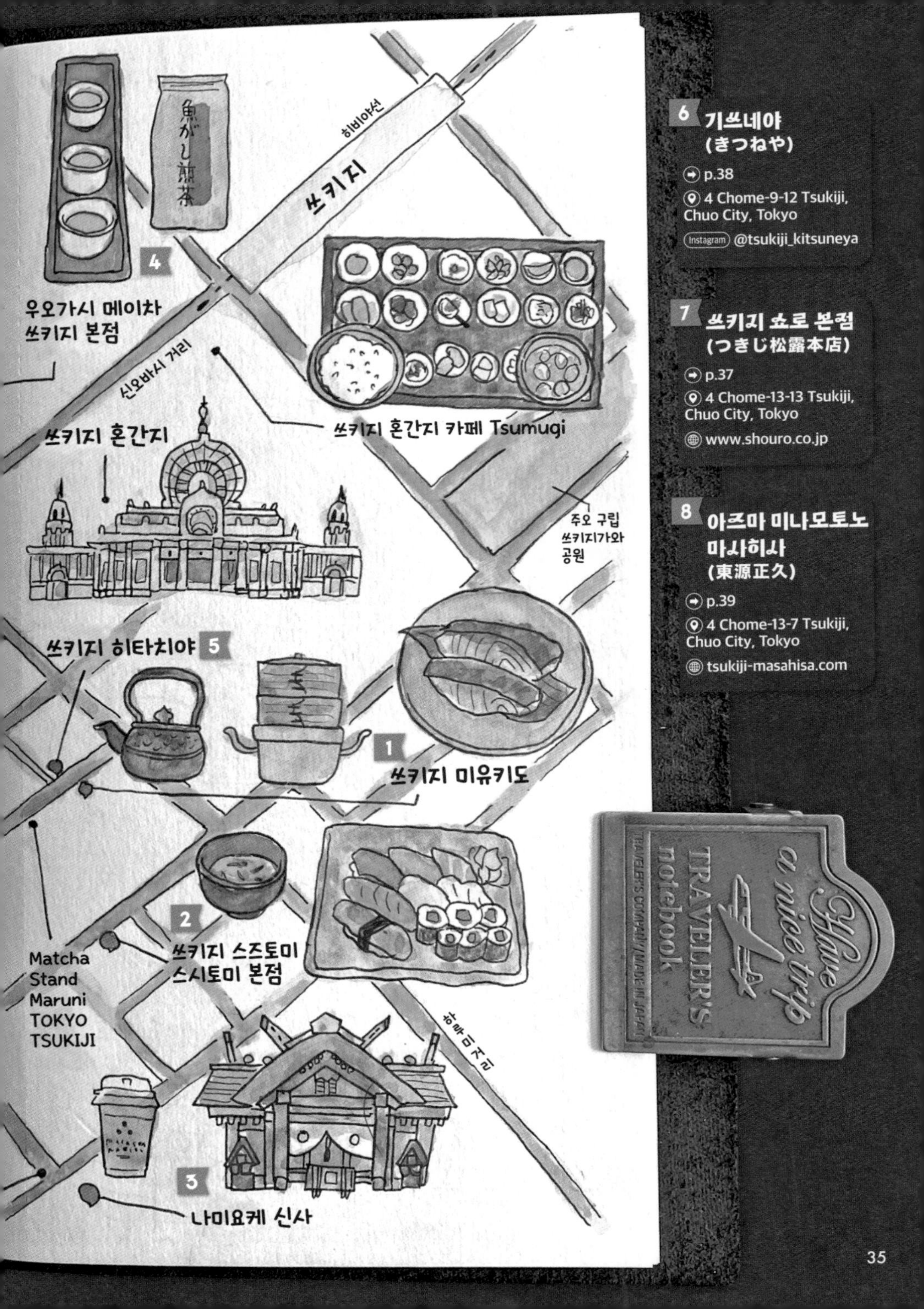

魚がし煎茶
히비야선
쓰키지
4
우오가시 메이차
쓰키지 본점
신오바시 거리
쓰키지 혼간지
쓰키지 혼간지 카페 Tsumugi
주오 구립
쓰키지가와
공원
쓰키지 히타치야 5
1
쓰키지 미유키도
2
쓰키지 스즈토미
스시토미 본점
Matcha
Stand
Maruni
TOKYO
TSUKIJI
하루미 거리
3
나미요케 신사
6
기쓰네야
(きつねや)
p.38
4 Chome-9-12 Tsukiji,
Chuo City, Tokyo
Instagram @tsukiji_kitsuneya
7
쓰키지 쇼로 본점
(つきじ松露本店)
p.37
4 Chome-13-13 Tsukiji,
Chuo City, Tokyo
www.shouro.co.jp
8
아즈마 미나모토노
마사히사
(東源正久)
p.39
4 Chome-13-7 Tsukiji,
Chuo City, Tokyo
tsukiji-masahisa.com
Have a nice trip
TRAVELER'S notebook
TRAVELER'S COMPANY / MADE IN JAPAN

나미요케 신사

에도 시가지를 정비하던 때에 매서운 바닷바람으로부터
이 땅을 지켜준 신께 감사하며 세운 신사입니다.
봉납된 거대한 사자 머리를 짊어지고 행진하는
'쓰키지 시시마쓰리(つきじ獅子祭り, 쓰키지 사자 축제)'가
유명합니다.

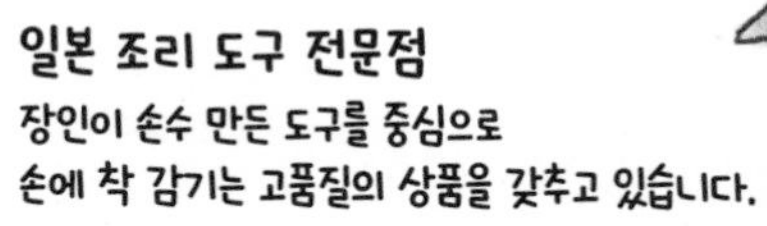

일본 조리 도구 전문점

장인이 손수 만든 도구를 중심으로
손에 착 감기는 고품질의 상품을 갖추고 있습니다.

쓰키지 히타치야

갖고 싶은 도구가 가득!

쓰키지 쇼로 본점

달걀말이 전문 노포.
종류가 다양한 만큼 단골도 많습니다.

우마키(う巻)
장어를 하얗게 구워서
달걀말이 안에 쏙 넣은 호화로운 음식

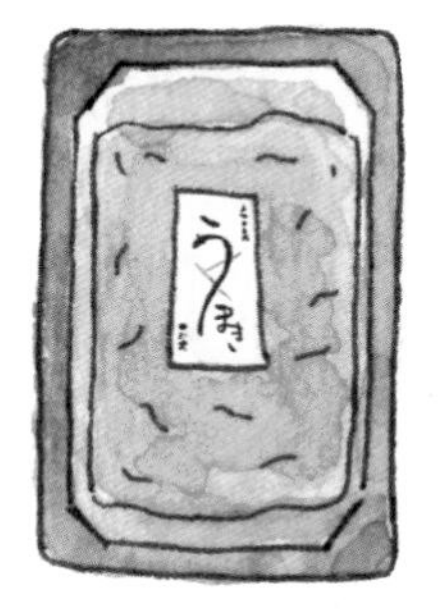

쇼로 샌드(松露サンド)
육수를 듬뿍 머금은
달걀말이를 넣은 샌드위치

기슈(紀州)
달걀말이에 기슈 매실을
넣어 구운 요리.
상큼한 맛에
자꾸자꾸 손이 갑니다.

코로나 비상사태가 해제된 후 방문한 쓰키지는 인산인해를 이뤘습니다. 지역 주민인지 관광객인지에 따라 목적지가 갈리는 모습이 인상적이었는데요. 지역 주민은 쓰키지 쇼로 본점에서 육수를 가득 머금은 달걀말이와 쓰키지 미유키도에서 사이쿄즈케(西京漬け, 교토의 하얀 된장에 맛술, 술 등을 넣고 생선을 넣어 담근 장아찌)를 사기 위해서 줄을 섭니다. 저는 평소 온라인으로 주문해서 즐겨 마시던 우오가시 메이차의 잎차를 산 다음, 점심으로 초밥을 먹었어요. 한편 관광객들은 칠복신을 모신 나미요케 신사로 향했습니다. 메이지 시대에 문을 연 부엌칼 전문점과 조리 도구 전문점에서도 많은 외국인 관광객이 선물을 사기 위해 고심하는 모습이 눈에 띄었습니다.

쓰키지 미유키도

자른 은대구
6~7조각

기름기가 오른 생선을 사이쿄미소
(西京みそ, 교토 지역의 하얀 된장)에
담근 사이쿄즈케가 인기 있습니다.

기쓰네야

늘 웨이팅으로 복작거리는 인기 식당.
핫초미소(八丁味噌, 일본 아이치현 오카자키에서
생산하는 콩된장)를 베이스로 해서 뭉근하게 졸인
소곱창 덮밥은 감칠맛과 깊은 맛이 스며들어 있는
최고의 한 그릇입니다.

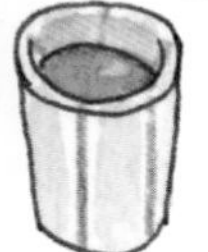

쓰키지 스즈토미 스시토미 본점

참다랑어 전문 도매 업체 '스즈토미'가 직접 운영하는
에도마에 초밥(손으로 쥐어서 만드는 초밥으로
에도 시대에 완성된 에도의 향토 음식) 전문점.
평일 점심에 가성비 좋은 메뉴를 제공하는,
가벼운 마음으로 갈 수 있는 곳.

아즈마 미나모토노 마사히사

1872년에 문을 연 칼 전문점.
프로 셰프가 사용하는 전문가용 칼부터
가정용 칼까지 다양한 종류를 갖추고 있습니다.
직원이 친절하게 설명해줍니다.

사용하기 편한
가정용 스테인리스 부엌칼

우오가시 메이차 쓰키지 본점

일본 차 전문점. 시즈오카에 있는 공장에서 정성스럽게
만들어 파는 차는 매일 마시고 싶을 정도로 맛있습니다.

네이밍과 패키지가
개성 넘치면서도
귀여워요.

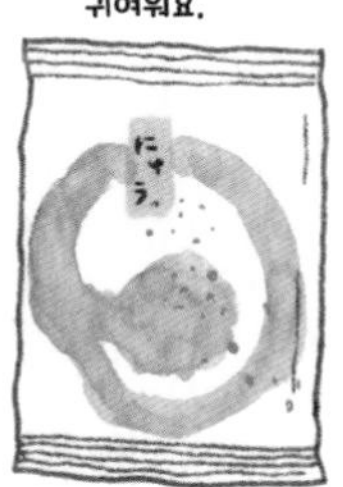

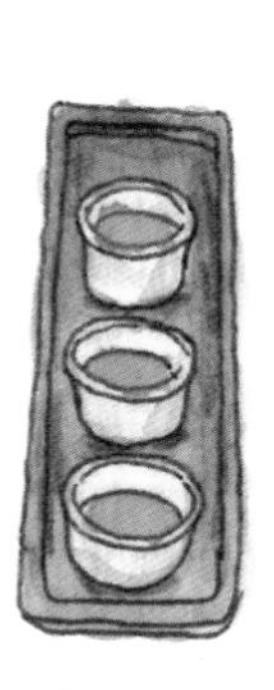

시음한 차가
정말 맛있어서
눈이 휘둥그레졌습니다!

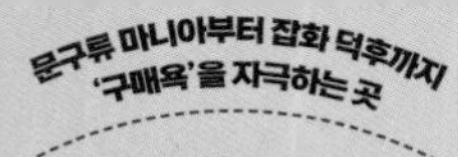

문구류 마니아부터 잡화 덕후까지
'구매욕'을 자극하는 곳

구라마에

1 킷사 한게쓰 (喫茶半月)

➡ p.46

📍 103, 4 Chome-14-11 Kuramae, Taito City, Tokyo

🌐 www.fromafar-tokyo.com/kissahangetsu

Instagram @hangetsu_kuramae

2 YUWAERU 본점

➡ p.44

📍 2 Chome-14-14 Kuramae, Taito City, Tokyo

Instagram @yuwaeru_honten

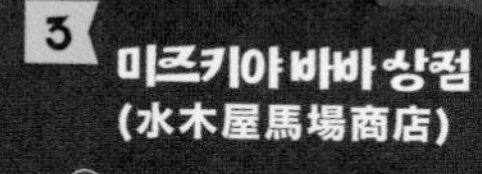

3 미즈키야 바바 상점 (水木屋馬場商店)

➡ p.42

📍 4 Chome-6-7 Kuramae, Taito City, Tokyo

🌐 www.mizukiya.jp

에이큐도 (화과자)

가스가 거리

도리고에 묘진 거리

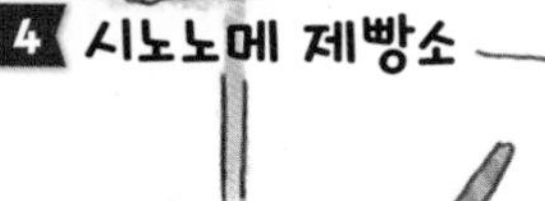

4 시노노메 제빵소

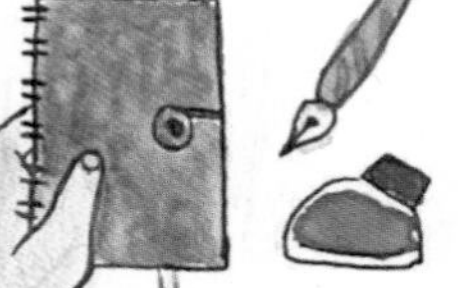

5 가키모리

Nakamura Tea Life Store (일본차)

구라마에 쇼각고 거리

가부키(카페)

기바 쇼룸 (레이스)

신보리 거리

6 SyuRo

Chigaya 구라마에 (베이커리)

7 REGARO PAPIRO 도쿄 구라마에점

도리고에 신사

8 단델리온 초콜릿 팩토리& 카페 구라마에

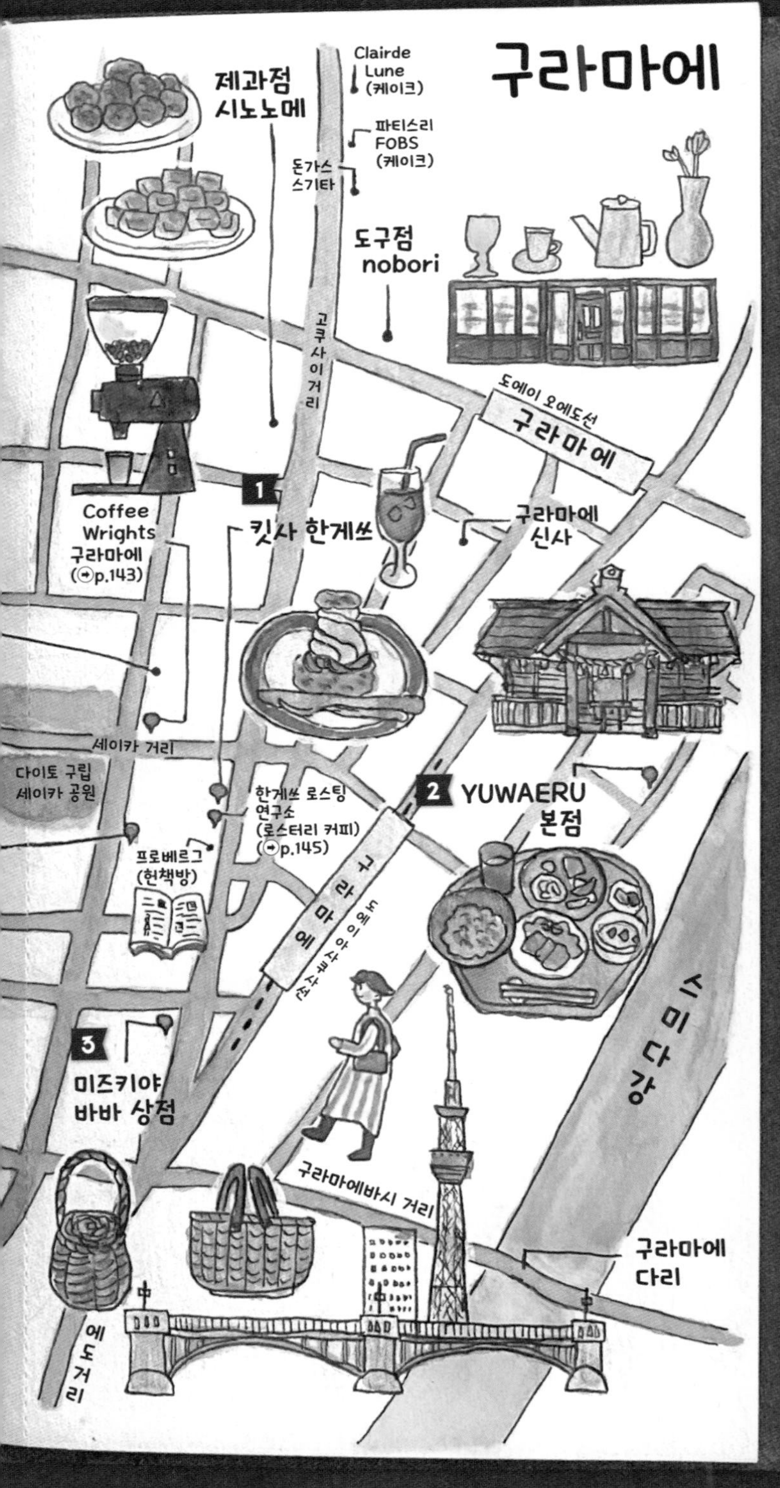

4 시노노메 제빵소 (シノノメ製パン所)

p.46

4 Chome-35-2 Kuramae, Taito City, Tokyo

www.fromafar-tokyo.com/shinonome-pan

Instagram @shinonome_pan

5 가키모리 (カキモリ)

p.44

1F, 1 Chome-6-2 Misuji, Taito City, Tokyo

kakimori.com

Instagram @kakimori_tokyo shop

6 SyuRo

p.43

1 Chome-16-5 Torigoe, Taito City, Tokyo

syuro.co.jp/shops/syuro

7 REGARO PAPIRO 도쿄 구라마에점

p.43

1F, 2 Chome-2-7 Torigoe, Taito City, Tokyo

www.regaro-papiro.com

Instagram @regaropapiro_tokyo

8 단델리온 초콜릿 팩토리&카페 구라마에 (ダンデライオン・チョコレートファクトリー&カフェ蔵前)

p.45

4 Chome-14-6 Kuramae, Taito City, Tokyo

dandelionchocolate.jp

Instagram @dandelion_chocolate_japan

미즈키야 바바 상점

천연 소재로 만든 바구니와 가방을 판매하는 곳.
종류도 다양한 데다가 합리적인 가격에 구매할 수 있어요.

이것도 저것도
모두 사고 싶어요.

어른들의 수집벽을 자극하는 거리 구라마에를 산책했습니다. 문구류 마니아들의 성지, 가키모리에서는 개성 넘치는 펜과 잉크와 노트를 만날 수 있고, 레가로 파피로에서는 전 세계의 멋진 포장지와 도쿄 구라마에점만의 오리지널 포장지에 시선을 빼앗깁니다. 엄선한 바구니와 가방을 갖추고 있는 미즈키야 바바 상점과 디자인성이 높은 생활용품을 판매하는 편집숍 등 구라마에를 걷다 보면 개성 가득한 잡화와 도구들을 구할 수 있어요. 보는 족족 갖고 싶은 물건과 점주의 소신이 담겨 있는 매장이 모여 있었습니다.

도쿄 구라마에점에만 있는
오리지널 상품도 가득!
스모 무늬에 가슴이 설렜습니다.

REGARO PAPIRO 도쿄 구라마에점

포장지 전문점. 세계 곳곳의 멋스러운 포장지와
오리지널 디자인 등 아름다운 포장지를 만날 수 있습니다.
종이 소품도 정말 멋져요.

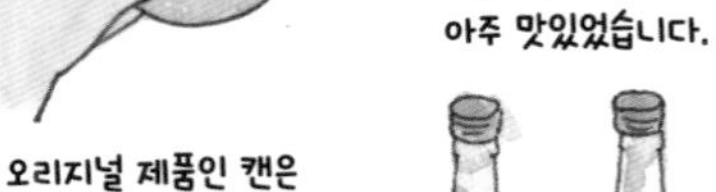

보태니컬 시럽을
시음해봤는데
아주 맛있었습니다.

오리지널 제품인 캔은
장인이 만든 작품으로
심플하면서도 아름다워요.

SyuRo

생활용품 편집숍입니다.
다이토구가 터전인 장인들이
직접 만든 오리지널 상품을 취급합니다.

가키모리

원하는 대로 커스터마이징해서
오리지널 노트와 잉크를 만들 수 있습니다.
문구류를 좋아하는 사람에게는 꿈의 매장이죠.

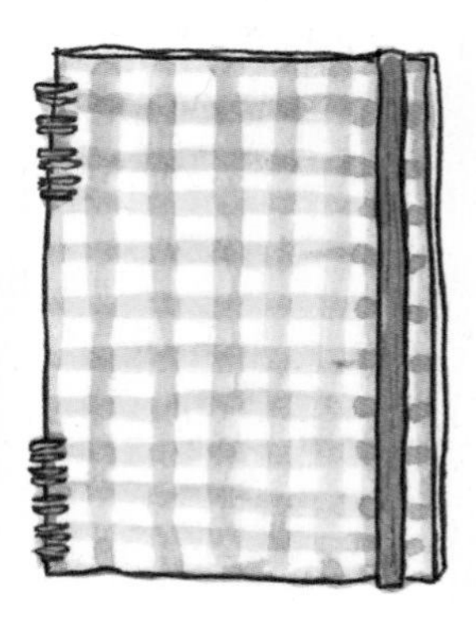

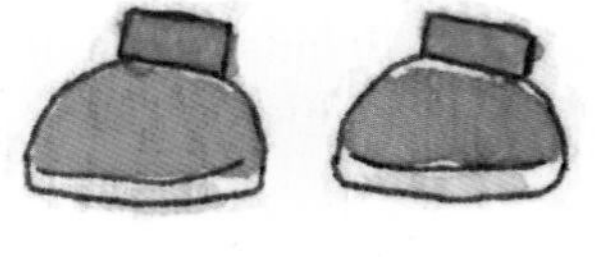

오더 잉크는 직접 색을 조합해서
자기만의 제품을 만들 수 있습니다.

제가 만든 노트는 수채화용 스케치북입니다.
제 보물이에요.
속지를 다 쓰면 속지만 교환해서
계속 쓸 수 있답니다.

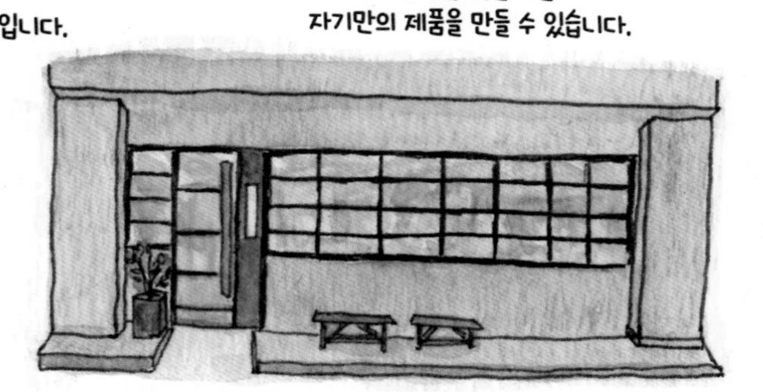

YUWAERU 본점

네카세 현미밥(압력밥솥에 현미밥을 지어서
며칠 뜸을 들인 밥) 정식으로 유명한 곳.
쫀득쫀득한 현미밥과 함께 먹고 싶은 반찬을 고르는데
부담 없이 몸에 스며듭니다.

하레바코젠 정식

구라마에는 원두에 진심인 로스터리 전문점이 많은 만큼 카페 거리다운 면모도 갖추고 있습니다. 혼자라도 선뜻 들어가고 싶은 카페가 많은 데다가 커피도 맛있어요. 특히 킷사 한게쓰는 클래식한 분위기로 인테리어가 정말 빼어납니다. 같은 계열 회사인 시노노메 제빵소도 시크한 분위기로 세련미가 넘쳐요. 공방에서 카페도 함께 운영하는 단델리온 초콜릿의 일본 1호점은 가슴 설레게 만드는 탁 트인 공간이 인상적입니다. 향수를 자극하는 분위기가 감도는 동시에 새로운 문화가 성장하고 있는 구라마에는 누구나 방문하고 싶어지는 편안함과 옛 시가지의 아늑함이 느껴지는 곳이었습니다.

단델리온 초콜릿 팩토리& 카페 구라마에

카카오 열매를 가공해서 만든
오리지널 초콜릿과 디저트를 즐길 수 있습니다.
1층에는 초콜릿 팩토리가,
2층에는 창문을 통해 푸르른 공원을 볼 수 있는
넓은 카페가 있습니다.

구라마에 셰프 테이스팅(chef's tasting) 디저트 5종 세트

킷사 한게쓰

시크하면서 고즈넉한 공간이 펼쳐지는 어른의 카페.
앤티크 가구로 멋을 낸 인테리어가 멋집니다.

계절 한정 포도슈

바삭하고 고소한 슈 반죽에
얼그레이 크림과 과즙 가득한
포도의 하모니가 절묘합니다.
계절에 따라 과일과 크림 종
류가 달라져요.

시노노메 제빵소

가로로 긴 쇼케이스에 가지런히 진열된
먹음직스러운 빵이 마음을 사로잡습니다.

에그타르트는
파이 반죽

얼그레이와
초콜릿 칩

무화과와
피칸

아름다운 크루아상

다이야키&도라야키 맛집 순례

나니와야 총본점 (아자부주반)

1909년에 개업한 곳으로, <헤엄쳐 다이야키 군(およげ!たいやきくん)>(1975년에 어린이 프로그램 '열려라! 폰킷키'에서 발표한 동요)의 모델이 된 노포예요. 하나씩 정성스럽게 구워서 겉은 바삭하고 고소하며 전체적으로 팥소가 듬뿍 들어 있어요!

와카바 (요쓰야)

1953년 문을 연 이곳은 늘 웨이팅이 있는 인기 맛집입니다. 얇은 반죽이 촉촉하고 짭짤해요. 너무 달지 않게 만든 팥소가 팥의 향을 극대화합니다.

야나기야 (닌교초)

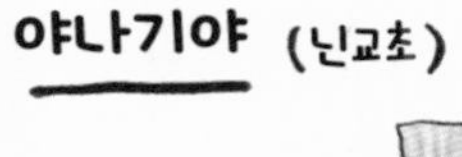

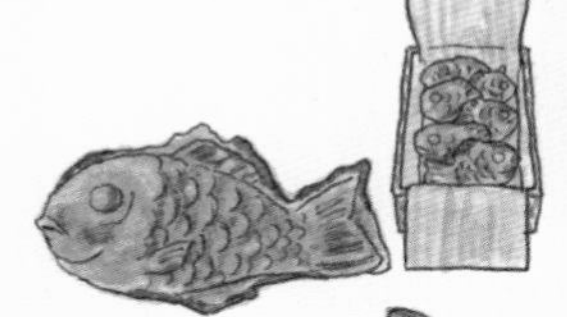

1916년에 영업을 시작한, 닌교초 아마자케요코초에 있는 노포입니다. 다이야키 반죽을 틀 하나하나에 정성스럽게 부어 만드는데 반죽을 얇고 고소하게 구워내는 게 포인트예요. 꼬리 부분까지 고급스러운 단맛의 팥소가 가득합니다.

세이자켄 (니혼바시)

오반도라야키(대형 도라야키)

1861에 문을 연 일본 전통 과자점. 도톰하게 부푼 반죽은 색깔만 봐도 고소함이 전해집니다. 4~5시간 정성스럽게 졸여서 만든 팥소를 아낌없이 듬뿍 넣은 최고의 상품이에요.

가메주 (아사쿠사)

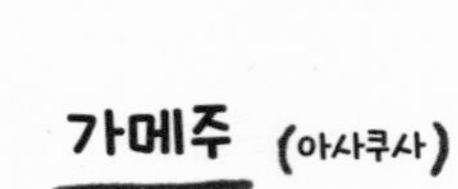

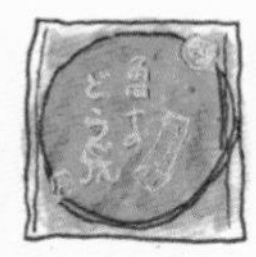

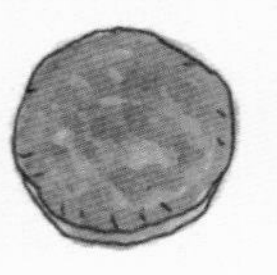

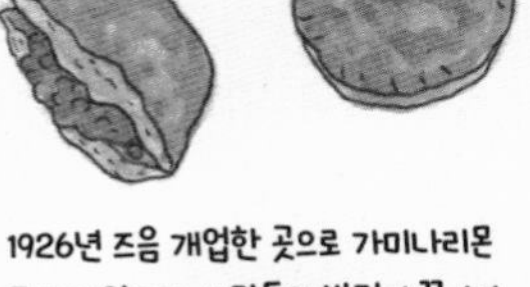

1926년 즈음 개업한 곳으로 가미나리몬 근처에 있으며, 사람들의 발길이 끊이지 않는 인기 화과자점입니다. 시그니처인 도라야키는 폭신하면서도 식감이 쫀득쫀득합니다. 종류는 까만 팥소와 흰 팥소가 있어요.

우사기야 (우에노)

1913년에 영업을 시작한 일본 전통 과자점. 조직이 치밀한 빵 부분은 폭신폭신하면서 촉촉합니다. 껍질을 벗기지 않고 만든 팥소는 부드러우면서도 살살 녹는 식감으로 고급스러운 단맛이 입안 가득 퍼져요.

일본 옛집과 사원이 많은
야나카를 둘러보며 맛집 탐방

야나카

1 야나카 센베이 (谷中せんべい)

p.52

7 Chome-18-18 Yanaka, Taito City, Tokyo

2 야나카 마쓰노야 (谷中松野屋)

p.53

3 Chome-14-14 Nishinippori, Arakawa City, Tokyo

yanakamatsunoya.jp

Instagram @yanaka_matsunoya

3 히이라기 (ひいらぎ)

p.51

5 Chome-4-1 Yanaka, Taito City, Tokyo

hiiragi-tokyo.com

Instagram @hiiragi_tokyo

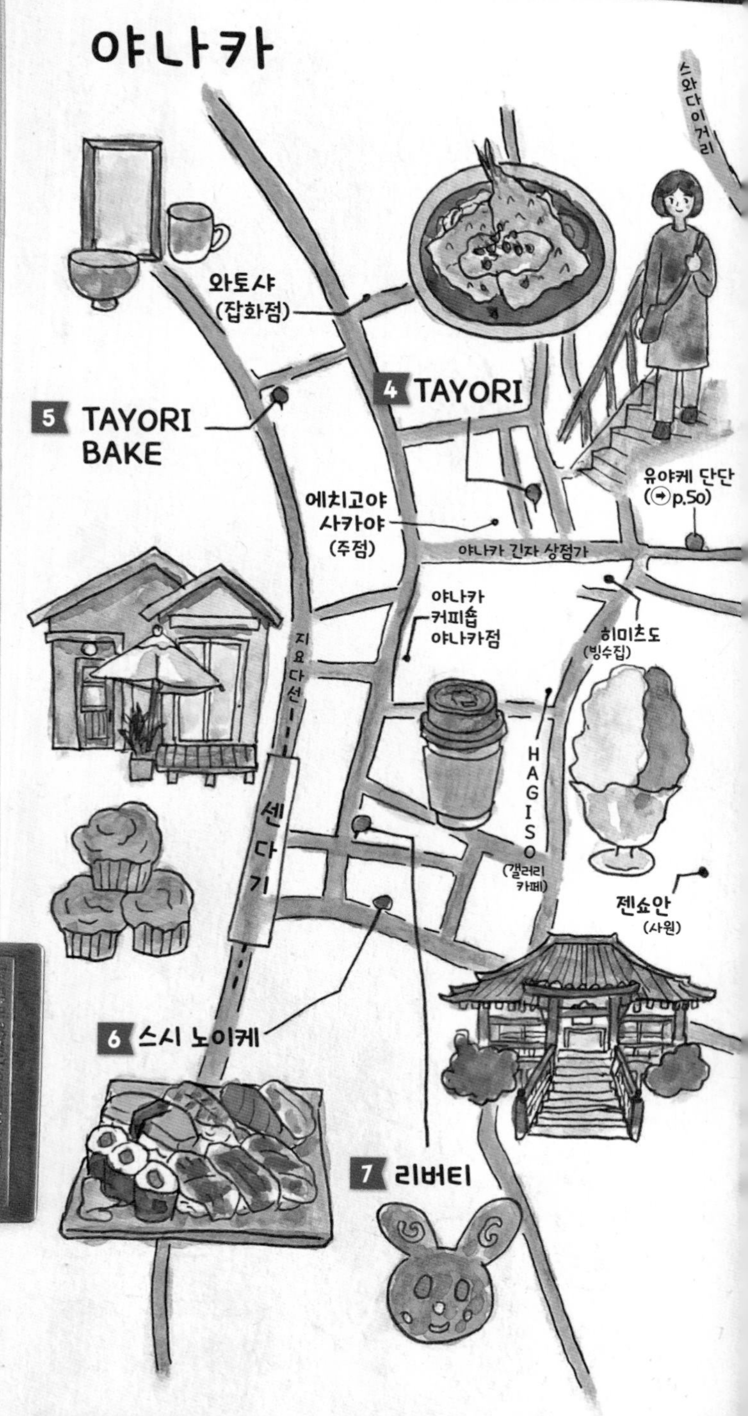

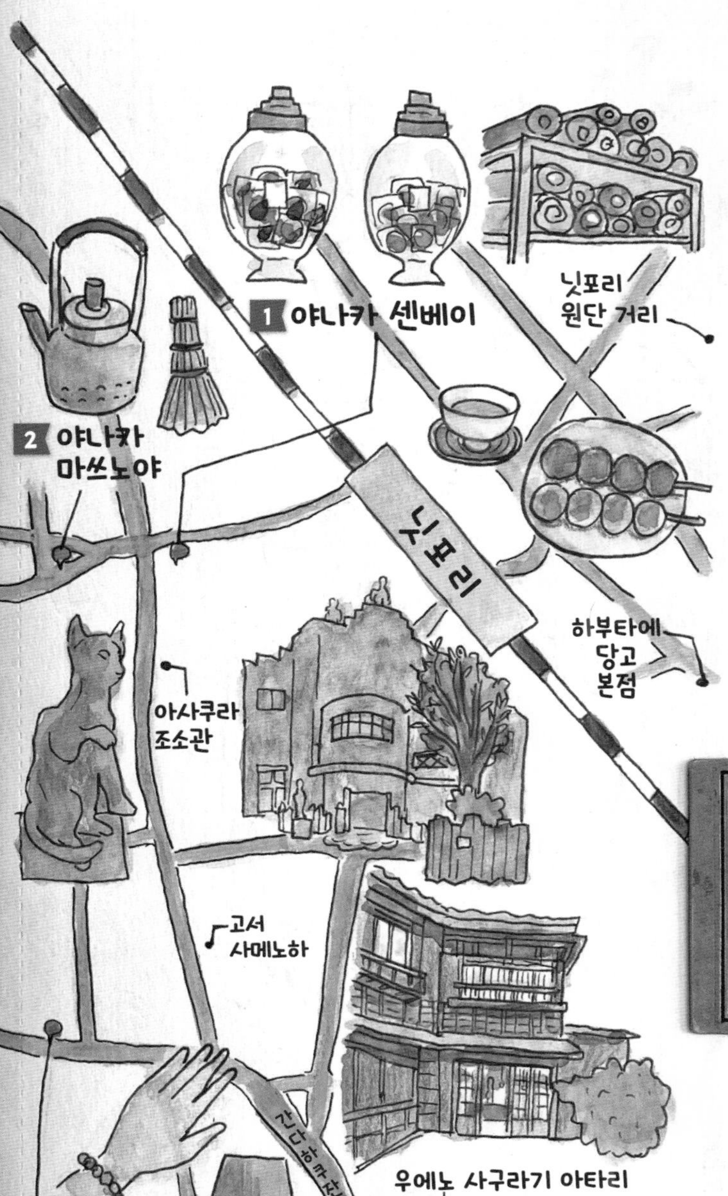

4 TAYORI

p.52

3 Chome-12-4 Yanaka, Taito City, Tokyo

hagiso.com/tayori

Instagram @tayori_yanaka

5 TAYORI BAKE

p.52

3 Chome-45-4 Sendagi, Bunkyo City, Tokyo

hagiso.com/tayori-bake

Instagram @tayori__bake

6 스시 노이케 (すし乃池)

p.51

3 Chome-2-3 Yanaka, Taito City, Tokyo

www.sushi-noike.com

7 리버티 (リバティ)

p.53

3 Chome-2-10 Yanaka, Taito City, Tokyo

곳곳에 선술집이 있어
서서 술을 즐기는 사람들로
늘 북적입니다.

야나카 긴자 입구
유야케 단단(夕やけだんだん, 저녁놀 계단)

야나카 긴자

닛포리역과 센다기역 사이에 자리하고 있어요.
옛 시가지의 정취가 흘러넘치는 상점가입니다.

옛 정취가 물씬 풍기는 멋진 사원과 옛 건물이 곳곳에 자리한 야나카. 수공예에 빠졌을 때 자주 다녔던 닛포리 원단 거리가 가까워서 익숙한 동네입니다. SNS에서 알게 된 후로 시간이 날 때마다 들르는 히이라기, 사람들로 북적거리는 선술집으로 늘 활기 넘치는 야나카 긴자, 아나고 스시(갯장어 초밥)를 포장해 온 스시 노이케, 일상생활에 필요한 도구를 골고루 갖춘 야나카 마쓰야까지. 늘 가고 싶었던 곳들을 돌아봤습니다. 타요리에서 엄선한 재료로 만든 정식을 먹은 다음에 닛포리역 바로 앞에 있는, 야나카 센베이와 포도빵으로 유명한 리버티에서 가족에게 줄 선물을 샀어요. 살아 숨 쉬는 역사를 즐길 수 있는 야나카는 맛집과 사원의 마을이었습니다.

히이라기

부적 팔찌를 만들 수 있어요. 손목 둘레를 잰 다음에 불교 용품 전문가가 소원이 이루어지기를 바라는 마음을 담아서 조각한 나무 구슬 한 알과 다른 구슬을 하나씩 고심하며 골랐습니다.

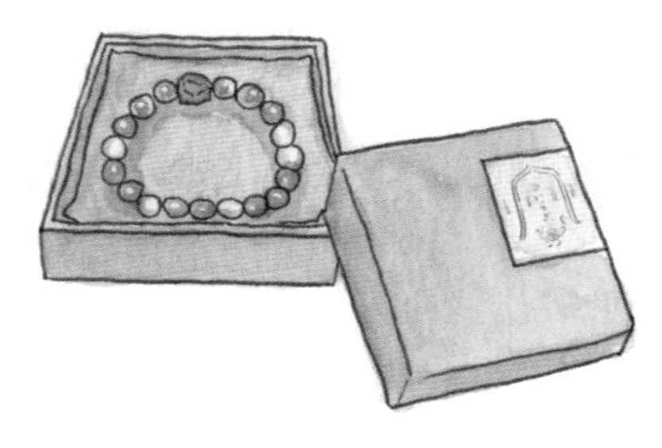

그 자리에서 바로 팔찌를 완성했습니다. 세상에서 하나뿐인 나만의 작품이에요.

시크하고 차분한 분위기의 공간. 주문 제작하는 팔찌와 구슬 외에 힐링이 되는 소품도 있습니다.

스시 노이케

갯장어가 인기 있는 초밥 전문점. 보들보들한 갯장어와 달콤한 소스가 절묘한 조화를 이루며 입안에서 살살 녹는 최고의 초밥입니다. 저는 포장해 왔어요.

TAYORI

고즈넉한 일본 전통 가옥 같은 분위기의 카페.
생산자가 식재료에 담은 마음을, 먹는 사람에게
전달하려는 의지를 고스란히 표현한 메뉴는
건강에도 좋고 재료 본연의 맛이 살아 있어요.

전갱이 튀김 정식

생산자가 보낸 편지를 읽을 수 있고,
생산자에게 보낼 수 있는
엽서도 준비되어 있습니다.

파운드케이크에 넣은
향신료와 과일이 센스가 넘칩니다.

계절감을 잘 살린
머핀이 많아요.

TAYORI BAKE

타요리에서 조금 걸어가다 보면
보이는 제과점

노리(海苔, 김)

자라메(ザラメ, 굵은 설탕)

야나카 센베이

1913년 문을 연 센베이(전병) 전문점.
전통적인 방법으로 한 장씩 구운 센베이는
굵은 설탕, 간장, 김 등
가짓수가 많아서 선물로도 좋습니다.

야나카 마쓰노야

유야케 단단 바로 앞에 있는 생활용품점.
빗자루 같은 청소 도구부터 정리함, 함석 제품까지
사용하기 편리한 제품을 두루 갖추고 있습니다.

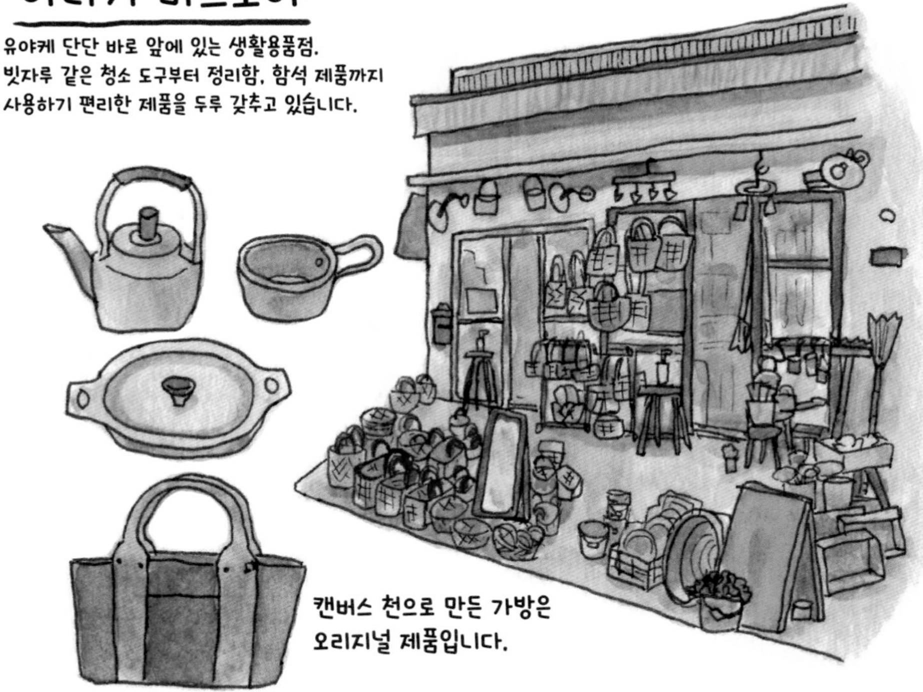

캔버스 천으로 만든 가방은
오리지널 제품입니다.

리버티

친근감이 물씬 풍기는 동네 빵집.
건포도가 빼곡히 들어간 포도빵과
토끼빵이 인기예요.
요청하면 레트로 감성 넘치는
종이 가방에 담아준답니다.

토끼빵
커스터드 크림이 들어 있어요.
가차(뽑기 장난감)로도
만들어진 인기 캐릭터입니다.

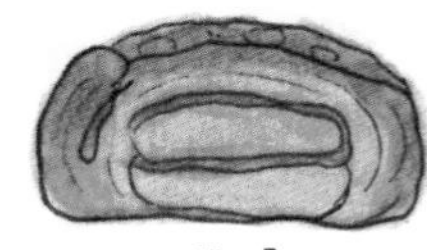

카스텔라 롤

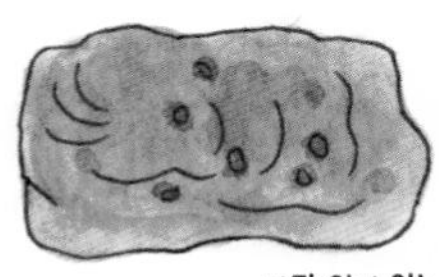

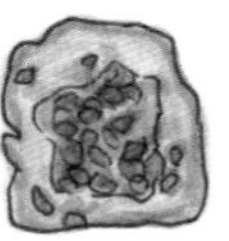

가장 인기 있는 포도빵

걸을 때마다 멋진 가게와 맛집을 발견하는 재미가 쏠쏠

후타코 타마가와

1 Café Lisette 후타코타마가와

➡ p.58

📍 3 Chome-9-7 Tamagawa, Setagaya City, Tokyo

Instagram @cafelisette_futakotamagawa

2 니시카와 제과점 (西川製菓店)

➡ p.56

📍 3 Chome-23-29 Tamagawa, Setagaya City, Tokyo

Instagram @nishikawa_futako

3 중화주방 규카 (中華厨房 久華)

➡ p.57

📍 3 Chome-24-17 Tamagawa, Setagaya City, Tokyo

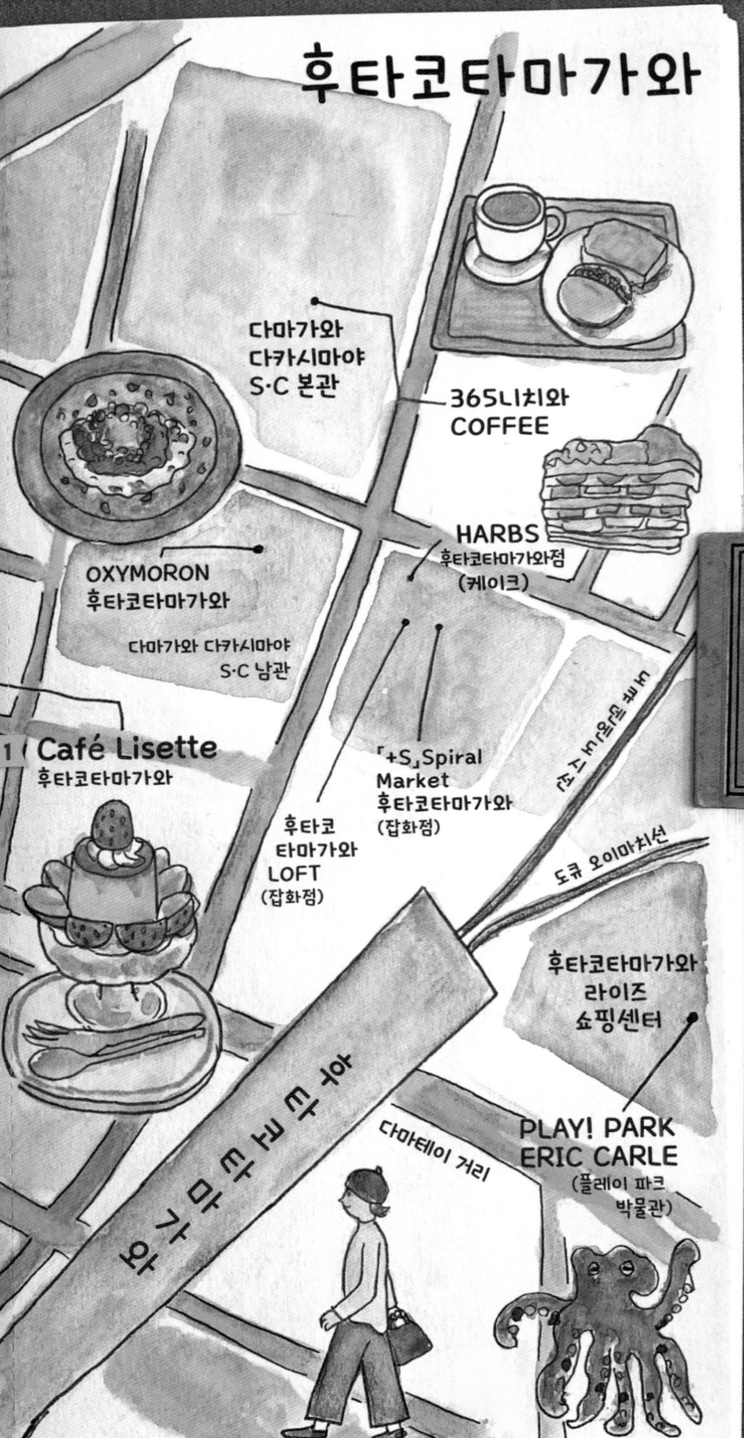

4 **BOX&NEEDLE 후타코타마가와점**

p.59

3 Chome-12-11 Tamagawa, Setagaya City, Tokyo

boxandneedle.com

Instagram @box_and_needle

5 **KOHORO 후타코타마가와**

p.58

1F, 3 Chome-12-11 Tamagawa, Setagaya City, Tokyo

kohoro.jp

Instagram @irohani_kohoro

니시카와 제과점

지역 주민들에게 사랑받는 동네 화과자점. 스케로쿠 초밥(유부초밥과 김초밥 세트)과 오니기리를 사기 위해 아침부터 사람이 문전성시를 이룹니다.
미타라시 당고(경단 3~5개를 꼬치에 꽂아 구워서 달콤 짭짤한 소스를 얹어 먹는 간식) 맛이 기가 막힙니다.

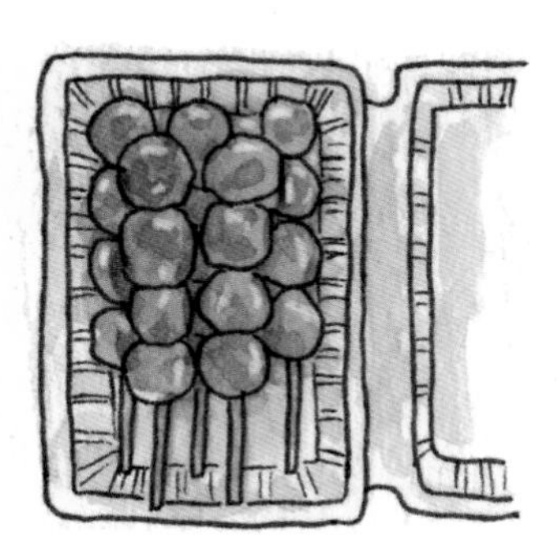

접근성이 좋아서 자주 들르는 후타코타마가와는 다마강 주변에 숨은 명소가 많습니다. 역에서 멀어질수록 사람들의 발길이 뜸해져 차분한 분위기 속에서 멋진 매장들을 만날 수 있습니다. 지역 주민들이 웨이팅을 마다하지 않는 니시카와 제과점, 평화로운 시간이 흐르는 카페, 분위기에 휩쓸려 줄을 서서 맛본 중화요리 규카, 작가가 만든 그릇과 잡화를 취급하는 코호로, 멋진 포장 용품을 판매하는 하리바코 전문점 등 산책할 때마다 새로운 가게를 발견하게 돼요. 박스&니들에서는 상자 만들기 워크숍에 참가했답니다.

다마강

전철역과 대형 쇼핑센터 옆을 유유히 흐르는 다마강.
강변에는 공원과 잔디밭 광장이 있어서
여유를 즐기며 쉴 수 있습니다.

중화주방 규카

동네 중화요리 전문점.
밥류와 면류,
어느 쪽도 놓치기 싫을 정도로
맛있습니다!

흑초 파이쿠(갈비) 정식

KOHORO 후타코타마가와

전문 작가가 만든 그릇과 쓰기 편한 수공예품을 취급하는 곳.
집에 하나 놔두기만 해도 분위기가 달라질 만큼
존재감 있는 작품으로 가득합니다.

아오모리 바구니
귤을 담아 놓으면
딱이겠죠!

옻칠 그릇
평소에 사용하고 싶은
캐주얼한 디자인도!

언젠가 꼭 사고 싶은
남부철병

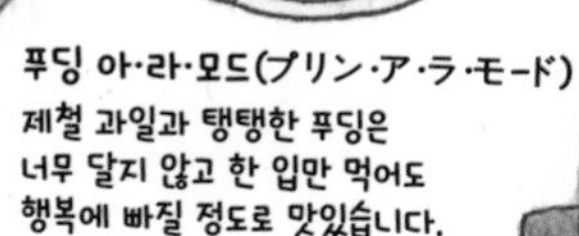

푸딩 아·라·모드(プリン·ア·ラ·モード)
제철 과일과 탱탱한 푸딩은
너무 달지 않고 한 입만 먹어도
행복에 빠질 정도로 맛있습니다.

Café Lisette 후타코타마가와

차분한 분위기의 카페. 앤티크 탁자와 의자,
프랑스 카페에서나 볼 법한 그릇들.
편안한 시간을 보낼 수 있는 곳입니다.

상자 만들기 워크숍에 참가했습니다.
상자 디자인이 다양하므로 홈페이지에서
만들고 싶은 상자의 클래스를 예약하세요.

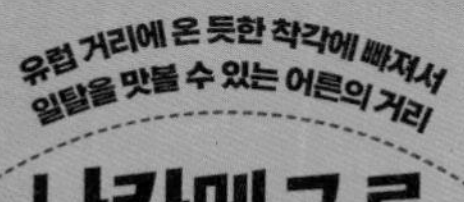

1 **COW BOOKS 나카메구로**

➡ p.65

📍 103, Corpo Aobadai, 1 Chome-14-11 Aobadai, Meguro City, Tokyo

🌐 cowbooks.stores.jp

Instagram @cowbooks_tokyo

2 **Onigily Cafe 나카메구로점**

➡ p.63

📍 3 Chome-1-4 Nakameguro, Meguro City, Tokyo

🌐 onigily.com

Instagram @onigily_cafe

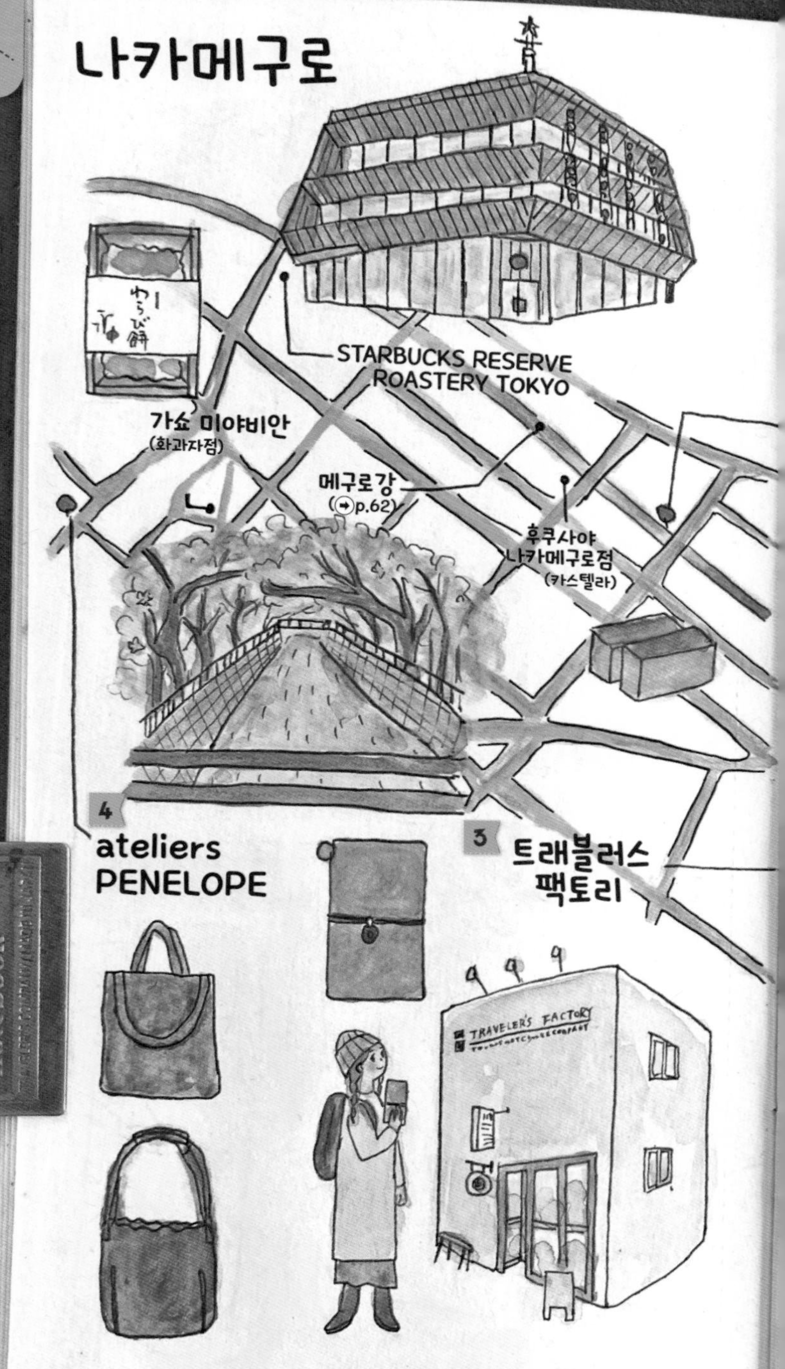

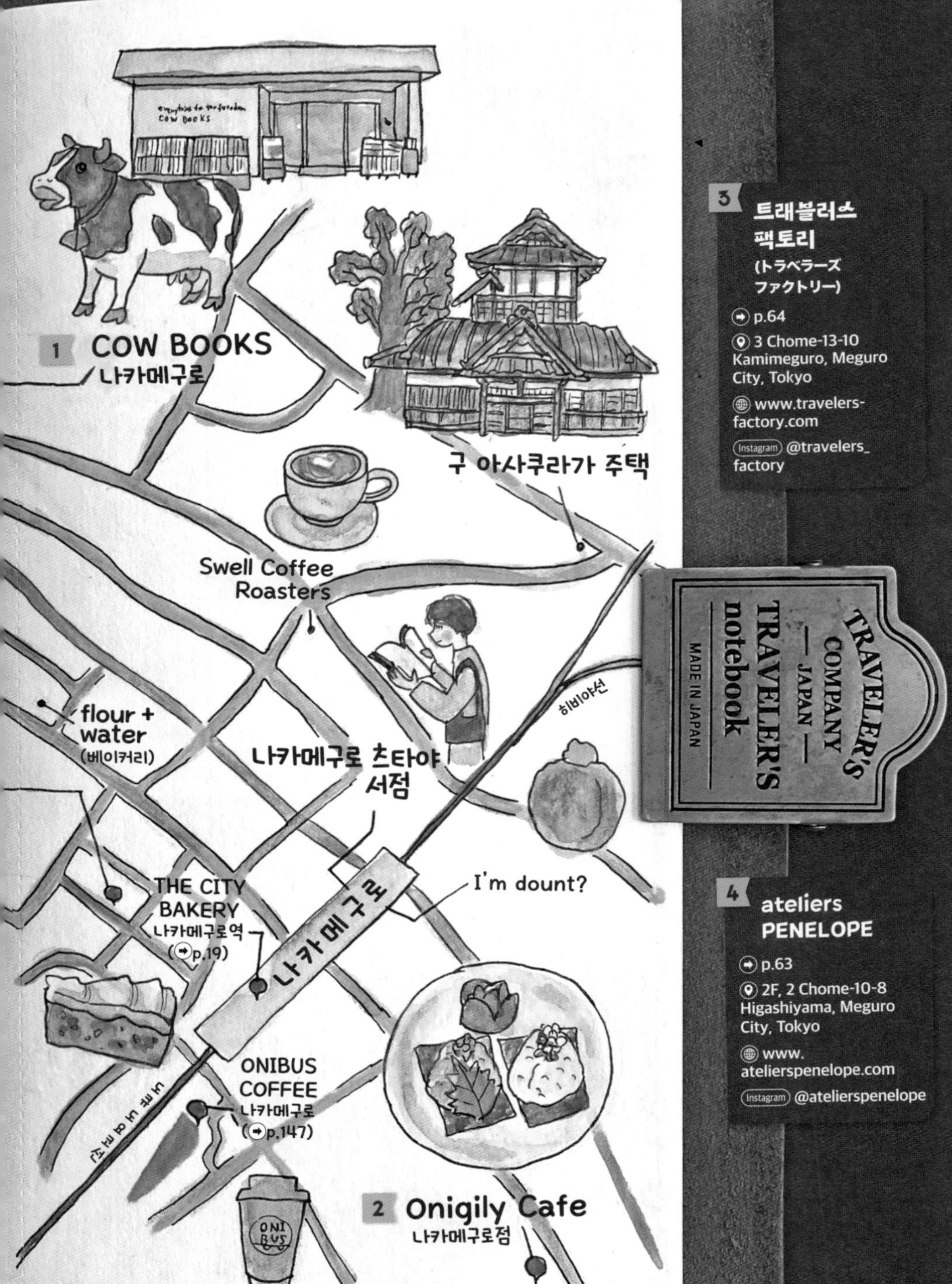

3 트래블러스 팩토리 (トラベラーズファクトリー)

➔ p.64

3 Chome-13-10 Kamimeguro, Meguro City, Tokyo

www.travelers-factory.com

Instagram @travelers_factory

4 ateliers PENELOPE

➔ p.63

2F, 2 Chome-10-8 Higashiyama, Meguro City, Tokyo

www.ateliersepenelope.com

Instagram @ateliersepenelope

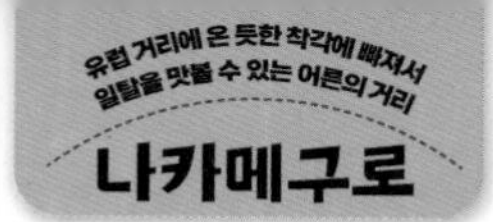

메구로강

강가를 따라 늘어선 벚나무가 유명해요.
세련된 매장이 쭉 이어지는 골목은
멋진 산책 코스입니다.

랜드마크로서 위풍당당함을 자랑하는 스타벅스 리저브 로스터리부터 세련된 건물이 자아내는 격조 높은 경관이 인상적인 나카메구로입니다. 벚꽃놀이 명소로 유명한 메구로강 주변에는 개성 넘치는 매장이 밀집해 있으니 구경하면서 가볍게 산책해보면 어떨까요? 제가 애용하는 트래블러스 노트가 다채롭게 구비된 문구점과 15년 정도 사용한 옥스퍼드 가방 전문점 등 개인적으로 좋아하는 매장이 곳곳에 숨어 있습니다. 아침 8시부터 문을 여는 주먹밥 전문점에는 아침을 먹으러 혼자 온 손님의 모습도 보였습니다.

저도 15년 넘게
즐겨 찾는 가방 전문점으로,
이곳의 가방은 사용할수록
멋스러워지는 게 특징이에요!

ateliers PENELOPE

오리지널 캔버스 가방과 소품은 심플하면서도
기능성이 좋아서 마니아가 많습니다.
건물 1층에는 아틀리에가 있고 2층에는 숍이 있어요.

아침에는
혼자 오는 손님도
많은 듯했습니다.

Onigily Cafe 나카메구로점

햇볕이 잘 들어 밝은 분위기의 카페는
오니기리 전문점입니다.
나가노현 사쿠에서 생산한
고시히카리 쌀을 사용한 오니기리는
밥에 윤기가 자르르 흐르고
기분 좋은 단맛이 납니다.
오니기리 종류가 다양해서
뭘 먹어야 좋을지 정말 고민돼요.
테이크아웃도 가능합니다.

오니기리 아침 세트+미소시루(일본식 된장국)

2층은 카페 공간으로 커피를 마시면서
노트를 펼쳐볼 수 있습니다.

트래블러스 팩토리

트래블러스 노트 사용자의 성지 나카메구로 숍!
트래블러스 노트와 리필 속지는 물론
센스 넘치는 오리지널 상품,
당장 여행을 떠나고 싶게 만드는
상품들로 가득합니다.

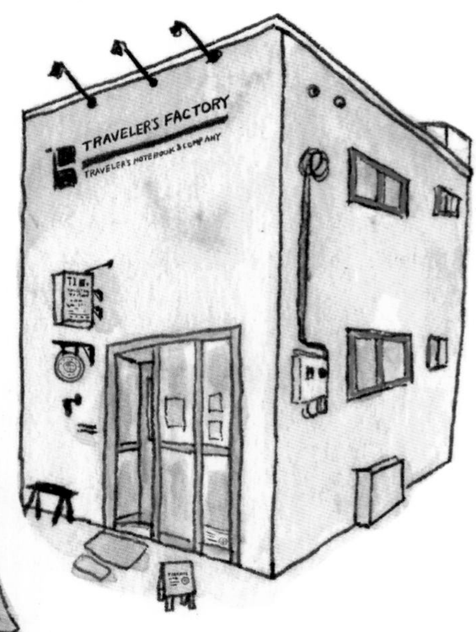

COW BOOKS 나카메구로

서적뿐만 아니라 트레이닝복과 캔버스 토트백 등
오리지널 아이템도! 가끔 문구류도 만든다고 합니다.

카우 북스는 그 이름에 소처럼
'느긋하고 여유 있게'라는 의미를
담았다고 합니다. 매장 안에서
커피도 마실 수 있으니
운명적인 책 한 권과 만날 수 있도록
찬찬히 책을 살펴보는 시간을 가져보세요.

'Everything for the FREEDOM'
자유를 테마로 한 헌책방입니다.
진열된 책은 에세이와 수필, 어른을 위한 그림책 등
잠깐 짬이 났을 때 팔랑팔랑 넘기며
마음에 드는 페이지부터 읽어도 되는 책이 많다고 합니다.
한 권 한 권 정성스럽게 놓여 있습니다.

나카메구로에는 제가 9년 넘게 애용한 트래블러스 노트 같은 잡화를 취급하는 트래블러스 팩토리의 플래그십 스토어가 있습니다. 2층으로 올라가면 여행자의 세계관에 그대로 빠져들게 만드는 카페 공간도 마련되어 있죠. 마쓰우라 야타로(松浦弥太郎) 전 《생활 수첩(暮らしの手帳, 1948년부터 발간한 생활 잡지)》 편집장이 직접 만든 카우 북스는 헌책방이라기보다는 빈티지 북숍이라 할 만큼 아름다운 모습을 자랑합니다. 잘 보존된 고가의 책을 손에 쥐는 것만으로도 두근두근 설렌답니다. 나카메구로는 마치 유럽 거리를 여행하는 듯한 착각에 빠지게 하는 어른들의 산책 코스예요.

갓파바시

1 원조 식품 샘플집 갓파바시점 (元祖食品サンプル屋合羽橋店)

p.72

3 Chome-7-6 Nishiasakusa, Taito City, Tokyo

www.ganso-sample.com

Instagram @ganso_sample

2 쓰바야 부엌칼집 (つば屋庖丁店)

p.69

3 Chome-7-2 Nishiasakusa, Taito City, Tokyo

tsubaya.jp

Instagram @tsubaya.jp

3 유니온 커피숍 (ユニオンコーヒーショップ)

p.70

2 Chome-22-6 Nishiasakusa, Taito City, Tokyo

www.kappabashi.or.jp/shops/169

4 아사쿠사 히라야마 (浅草ひら山)

p.72

1 Chome-3-14 Nishiasakusa, Taito City, Tokyo

Instagram @asakusahirayama

5 가마아사 상점 (釜浅商店)

p.69

2 Chome-24-1 Matsugaya, Taito City, Tokyo

www.kama-asa.co.jp

Instagram @kamaasa_tokyo

6 동양상회 오카시노 모리 (東洋商会 おかしの森)

p.70

1 Chome-11-10 Matsugaya, Taito City, Tokyo

www.okashinomori.com

7 가나야 브러시 갓파바시 도구거리점 (かなや刷子 かつぱ橋道具街店)

p.68

1 Chome-5-9 Nishiasakusa, Taito City, Tokyo

www.kanaya-brush.com

8 니이미 양식기점 (ニイミ洋食器店)

p.71

1 Chome-1-1 Matsugaya, Taito City, Tokyo

www.kappabashi.or.jp/shops/143

가나야 브러시 갓파바시 도구거리점

1914년 문을 연 유서 깊은 솔 전문점.
오리지널 상품이 많습니다.

저는 규슈 출신인데요. 언젠가 도쿄에 가면 꼭 가고 싶은 곳 중 하나가 바로 갓파바시였습니다. 요리나 과자를 맛있게 만들 수 있는 주방 용품 전문점과 어떤 솔이든 손에 넣을 수 있는 솔 전문점이 쭉 늘어서 있는 곳으로, 옛날부터 무척 좋아한 '도구의 거리'예요. 매장에 한 발 들여놓기만 해도 "어디에 쓰실 거 찾으세요?" 하고 용도를 묻거나 친절하게 상품을 설명해주기 때문에 안심하고 자신에게 딱 맞는 물건을 고를 수 있습니다. 신혼 때 시어머니께 선물로 받은 칼을 판매하는 쓰바야(칼 전문점 노포)도 발견했습니다.

가마아사 상점

1908년 문을 연 조리 도구 전문점입니다. 장인이 하나하나 직접 만드는 도구는 오랫동안 사용할 수 있어서 마니아가 많아요.

이름 각인 서비스도!

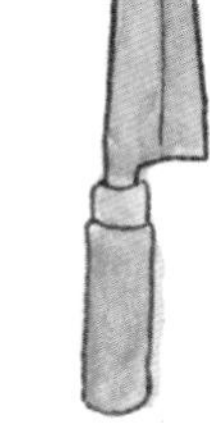

이 프라이팬에 햄버그스테이크를 구우면 최고예요!

쇠를 망치질해 만든 가마아사의 프라이팬

칼 매장을 찾는 손님은 외국인 남성의 비율이 압도적으로 높습니다. 직원 중에는 외국인도 있는데 성심성의껏 응대하는 모습이 인상적이었습니다.

쓰바야 부엌칼집

1956년에 창업한 부엌칼 전문점입니다. 장인 정신이 넘쳐흐르는 곳으로 프로 셰프부터 외국인 관광객까지 고객 한 명 한 명을 친절히 맞아줍니다. 저도 오랫동안 애용하고 있어요!

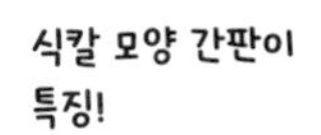

식칼 모양 간판이 특징!

유니온 커피숍

커피 용품 전문점.
사이폰을 비롯해 전문가가 사용할 법한 제품들을
이것저것 구경하는 재미가 쏠쏠합니다.
옆 건물에서는 원두를 판매합니다.

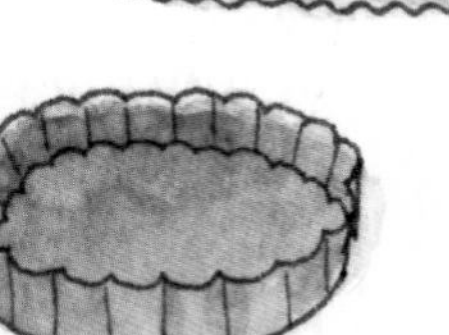

모양깍지만 해도
종류가 굉장히
다양해요!

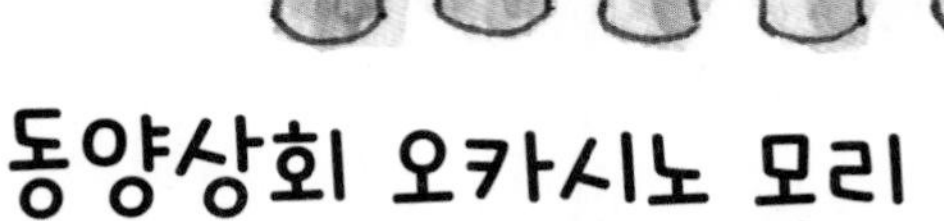

동양상회 오카시노 모리

과자와 케이크 틀처럼 제과에 필요한 도구를
전문적으로 취급하는 곳입니다.
일단 종류가 어마어마하게 많아요.

오카시노 모리는 1만 점이 넘는 제과 용품을 갖춘 전문점입니다. 특히 구움과자 틀은 없는 게 없답니다. 옥상의 거대한 요리사 조형물이 특징인 니이미 양식기점은 전문가용부터 가정용까지 접시와 조리 도구가 다채롭게 준비되어 있어요. 핸드밀 등의 커피 용품을 취급하는 유니온 커피숍은 커피 마니아들의 성지 같은 곳으로, 엄선한 커피 원두도 구입할 수 있습니다. 도구 거리에서 다와라마치역 쪽으로 걸어가다 보면 나오는 수타 소바 맛집인 히라야마에서 점심을 먹었어요. 소비욕도 식욕도 가득 충족된 산책이었답니다.

일본 식기 니이미 빌딩의
커피잔 익스테리어가
정말 귀엽습니다.

니이미 양식기점

갓파바시 입구에 있는 건물로
옥상에 설치된 거대한 요리사 조형물이
눈에 띕니다.

식기와 조리 도구 등
상품 구성이 다양합니다.

두 지역의 유명 레스토랑에서 실력을 갈고닦은
사장이 운영하는 수타 소바 전문점입니다.

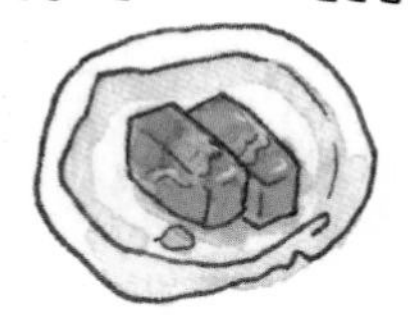

갯장어 니코고리(煮こごり, 생선 껍질이나
생선 살을 졸인 다음 그 국물을 식혀서 굳힌 요리)는
입안에서 사르르 녹습니다.

아사쿠사 히라야마

엄선한 메밀 생산지에서 공수한
메밀가루로 직접 만든 주와리소바(十割蕎麦,
100% 메밀가루로만 만든 메밀국수)는
무척 향기롭고 진한 데다가 목 넘김도 참 좋습니다.

'산프룬
(직접 요리 샘플을
만드는 키트)
딸기 파르페'

'산프룬 스파게티 나폴리탄'

딸기 팬케이크 모양의 소품함

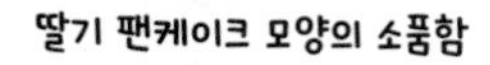

베이컨 모양
책갈피

원조 식품 샘플집
갓파바시점

일본이 자랑하는 문화 중 하나인 식품 샘플 관련 매장입니다.
집에서 만들 수 있는 키트와 함께 매장에서
샘플을 만들어보는 체험이 인기를 끌고 있어요(예약제).

예전부터 사랑받은 양식 메뉴

3대째 다이메이켄 (니혼바시)

1931년에 시작한 노포 양식당입니다.
시그니처 메뉴인 '단포포 오므라이스(민들레 오믈렛 라이스)'의 한가운데에 칼집을 넣으면 반쯤 익은 내용물이 먹음직스럽게 퍼져나갑니다.
진한 버터 맛과 치킨라이스, 달걀의 하모니가 환상적이에요.

메이지 시대에 탄생한
오므라이스

긴자 렌가테이 (긴자)

1895년 문을 연 양식당입니다.
다짐육, 양파, 양송이가 들어간 '메이지 탄생 오므라이스'는 어딘가 향수를 자극하는 맛이에요.

커피 오조 (우에노)

무사시야 (신바시)

뉴신바시 건물에 바 테이블 자리만 있는 인기 레스토랑입니다.
오므라이스에 나폴리탄이 포함되어 있답니다.
버터 향이 은은하게 나도록 얇게 구운 달걀로 치킨라이스를 감쌌습니다.
마음이 따스해지는 맛입니다.

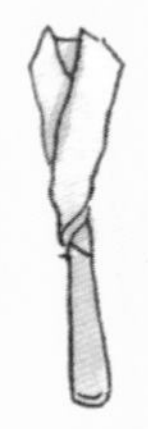

카페 테라스 퐁뇌프 (신바시)

신바시에키마에 빌딩 1호관에 있는 인기 맛집입니다.
굵은 면의 나폴리탄에 햄버그스테이크를 올리고
샐러드와 롤빵을 곁들인 '퐁뇌프 햄버그'를 정말 좋아합니다.

나폴리탄

비엔나 커피

라드리오(진보초)

레트로 감성이 넘치는 킷사텐(喫茶店,
주류, 음료와 식사류를 제공하는 커피숍)입니다.
나폴리탄은 매콤하고 면이 꼬들꼬들한 편이라
어른들에게 인기 있습니다.
비엔나 커피를 일본에서
처음 선보인 곳이기도 해요.

1 Artichoke chocolate

p.78

1F, 4 Chome-9-6 Miyoshi, Koto City, Tokyo

www.artichoke.tokyo

Instagram @artichoke_chocolate

2 홍차 전문점 TEAPOND 기요스미시라카와점

p.77

1 Chome-1-11 Shirakawa, Koto City, Tokyo

teapond.jp

Instagram @teapond.jp

3 Diner Vang

p.78

3 Chome-10-3 Miyoshi, Koto City, Tokyo

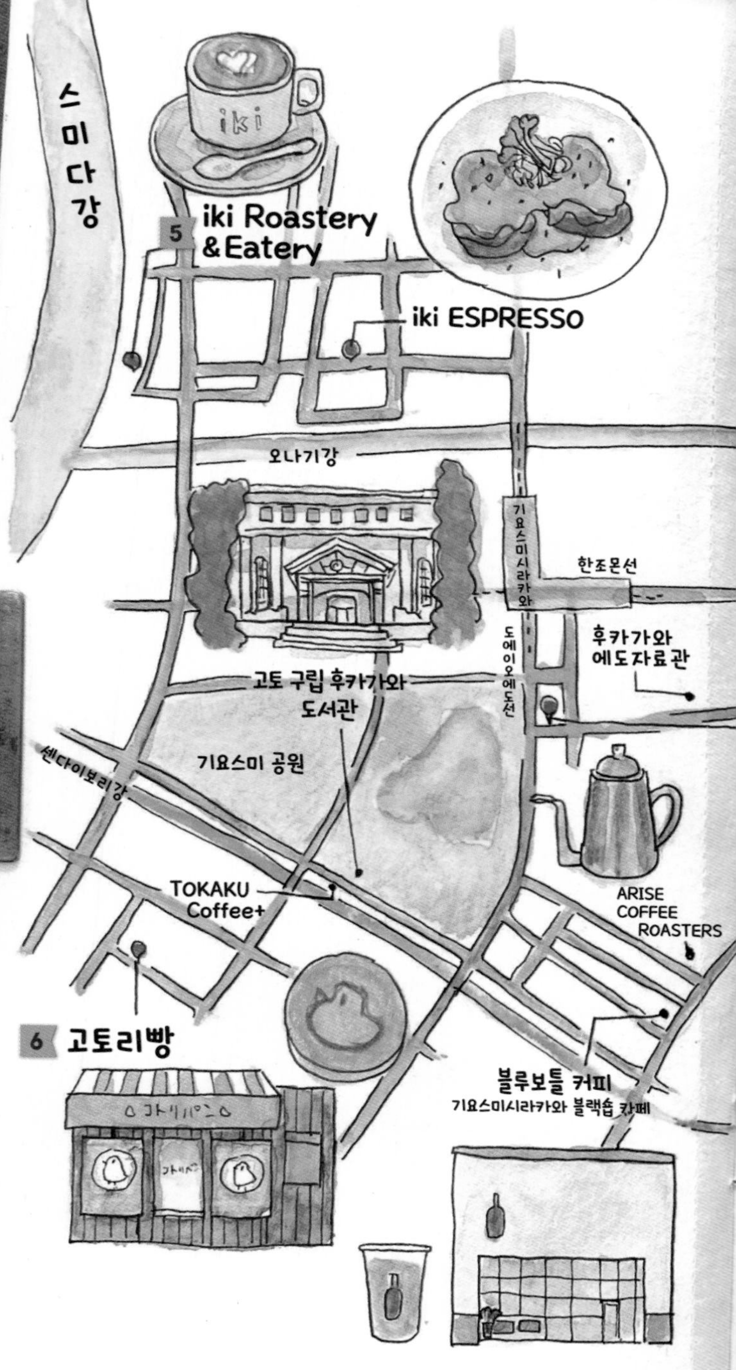

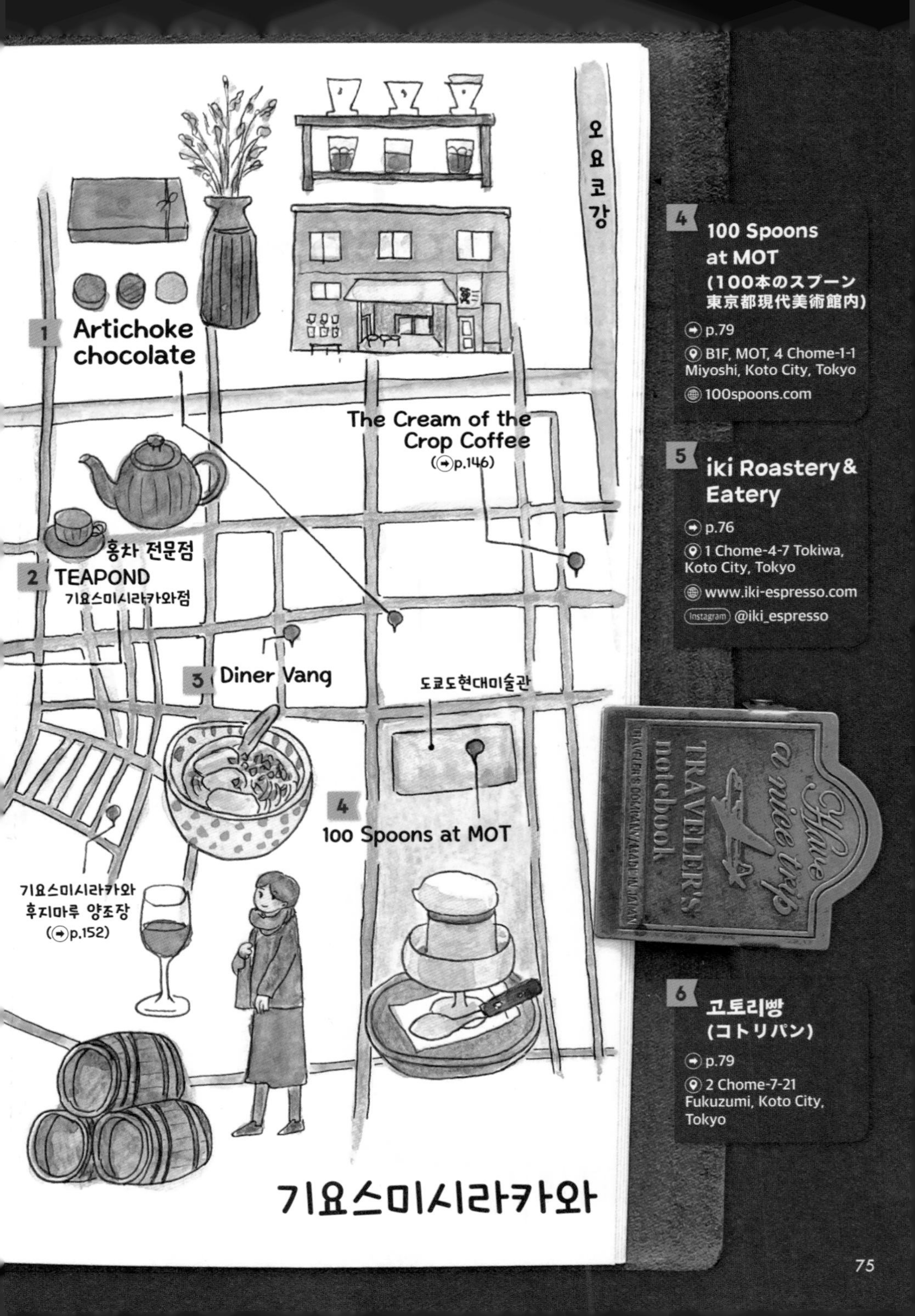

4
100 Spoons at MOT (100本のスプーン 東京都現代美術館内)
➡ p.79
B1F, MOT, 4 Chome-1-1 Miyoshi, Koto City, Tokyo
100spoons.com

5
iki Roastery & Eatery
➡ p.76
1 Chome-4-7 Tokiwa, Koto City, Tokyo
www.iki-espresso.com
Instagram @iki_espresso

6
고토리빵 (コトリパン)
➡ p.79
2 Chome-7-21 Fukuzumi, Koto City, Tokyo

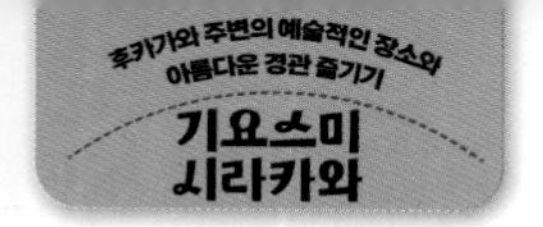

iki Roastery & Eatery

스미다강 강가의 창고를 리모델링한 카페입니다.
스미다강 쪽으로 돌아서 들어가면 입구가 있어요.

오가닉 레드 자몽은
더운 날에 잘 어울립니다.

하몽 토마토 치즈 토스트

로스터리도 직접 운영하고 있어
제대로 된 커피를
맛볼 수 있습니다.
플랫 화이트는
꼭 드셔보세요.

빵 종류도 다양했습니다.

널찍한 공간에서 나만의 시간을
보낼 수 있습니다.

TEAPOND

홍차 전문점.
매장 안에 클래식한 브리티시 테이스트의
향기가 감돕니다. 홍차는 퓨어 티와 플레이버리 티로
구분하고 작은 병에 찻잎을 담아 놓아서
향을 확인할 수 있습니다.

홍차 전문점 TEAPOND
기요스미시라카와점

기요스미시라카와역에서 인파에 몸을 맡기며 도쿄도현대미술관으로 향했습니다. 미술관 지하 1층에 있는 100 스푼스는 아이와 함께 온 가족을 반기는 분위기로 어른 메뉴를 키즈 메뉴로도 즐길 수 있습니다. 스미다강 주변의 창고를 리모델링한 이키 로스터리&이터리는 뉴질랜드 스타일의 개방적인 분위기의 카페예요. 홍차 전문점 티폰드와 아티초크 초콜릿처럼 세련된 외관의 매장이 밀집되어 있는 동시에, 어르신들의 모습도 많이 보이는 것은 후카가와 주변 지역만의 특징인 것 같습니다. 정통 베트남 식당에서 배를 채우고 고토리빵에서 선물을 샀어요.

Artichoke Chocolate

카카오 열매로 초콜릿을 만드는
초콜릿 전문점입니다.
아름다운 초록색 상자에 아티초크 로고를
새긴 패키지가 멋스러워요.

시크하고 어딘가 보석 가게 같은
디스플레이가 시선을 사로잡아요.

하나하나에서
깊은 맛을 느낄 수 있습니다.
정성을 가득 담아 만든
초콜릿입니다.

Diner Vang

베트남 식당입니다.
점심 메뉴는 쌀국수와 반미 등이 있습니다.
혼자서도 들어가기 편한 분위기예요.
테라스 자리도 있답니다.

포 가(닭고기)
국물이 잘 스며든 쌀국수는
순한 맛

고수와 숙주나물은
취향에 맞게

100 Spoons at MOT

풀사이즈 →

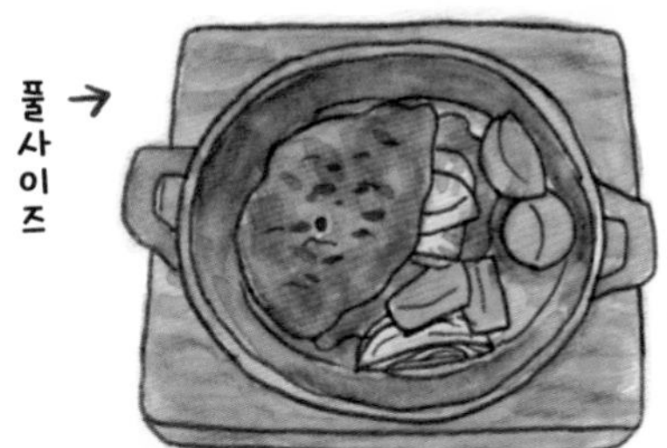

하프사이즈 →

특제 데미그라스 소스를 곁들인 햄버그스테이크

아이스크림

캐러멜 초콜릿 바나나 파르페(하프)

도쿄도현대미술관(MOT) 내에 자리한 레스토랑.
가족 단위로 방문해도 편안하게 식사할 수 있는 분위기입니다.
어른 메뉴의 구성 그대로 양만 줄인 하프 사이즈 등
어린이 메뉴가 잘 갖춰져 있어요.

고토리빵

조리빵, 디저트, 하드롤 계열 등
종류가 다양하고
가정적인 분위기의 베이커리예요.

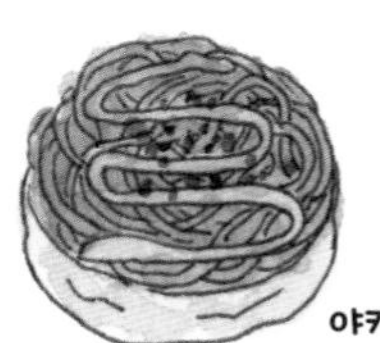

야키소바빵

오렌지 필과 시나몬이 들어간 캉파뉴

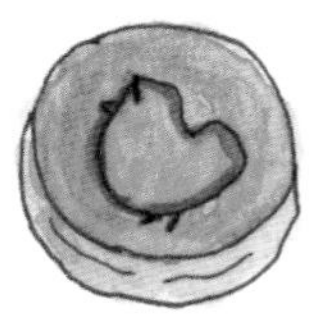

고토리빵은 초콜릿과 커스터드 크림이 듬뿍!

레트로한 느낌의 옛 거리에 맛집이 옹기종기 모여 있는 '미식의 거리'

닌교초

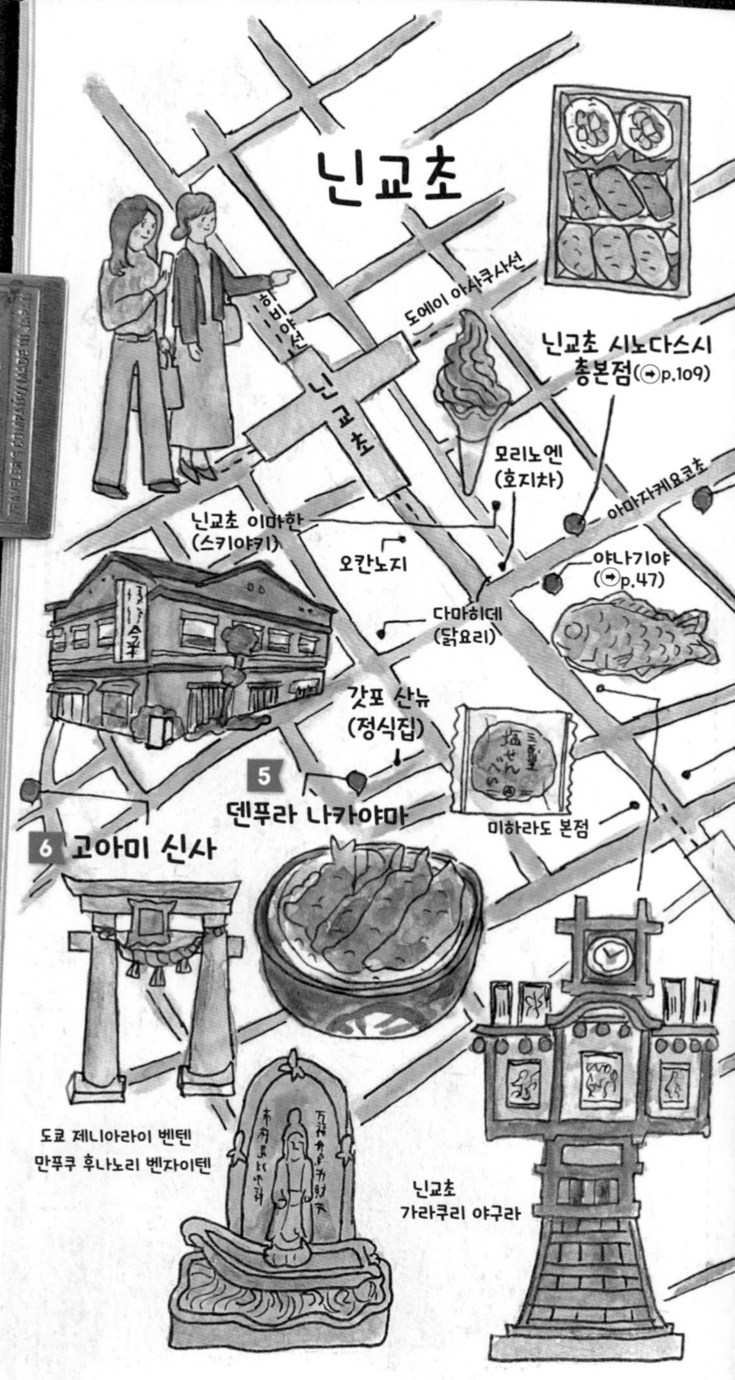

1 Tiny Toria Tearoom

➔ p.85

1F, 2 Chome-20-5 Nihonbashiningyocho, Chuo City, Tokyo

www.tinytoria.com

Instagram @tiny_toria

2 다니야 (谷や)

➔ p.84

1F, 2 Chome-15-17 Nihonbashiningyocho, Chuo City, Tokyo

gf42900.gorp.jp

3 La Boulangerie Django

➔ p.83

3 Chome-19-4 Nihonbashihamacho, Chuo City, Tokyo

la-boulangerie-django.blogspot.com

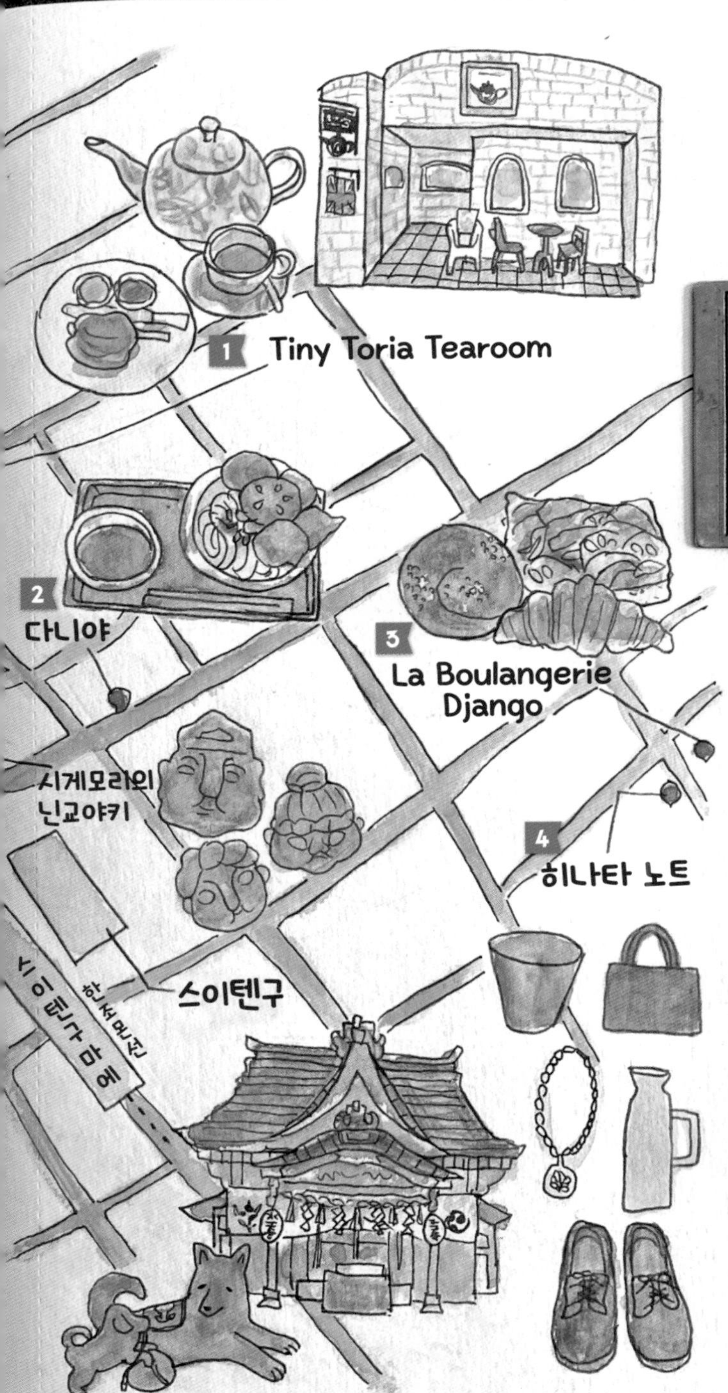

4 히나타 노트 (ヒナタノオト)

p.83

1F, 3 Chome-16-7 Nihonbashihamacho, Chuo City, Tokyo

musubuniwa.jp

Instagram @hinata_note

5 덴푸라 나카야마 (天ぷら 中山)

p.84

1 Chome-10-8 Nihonbashiningyocho, Chuo City, Tokyo

6 고아미 신사 (小網神社)

p.82

16-23 Nihonbashikoamicho, Chuo City, Tokyo

www.koamijinja.or.jp

고아미 신사

도쿄 대공습 때 살아남은 덕분에
강한 운을 부르는 신을 모시고 있습니다.
빌딩 숲 사이에 위치해 있어 경내를 채울 만큼
많은 참배객이 삼삼오오 무리 지어 방문합니다.

신사 내에 마련된 벤텐(弁天, 변재천, 늘 비파를 들고 있는 음악의 신, 칠복신 중 하나)상 아래서 동전을 깨끗이 씻어서 지갑에 넣어 두면 재물운이 상승한다고 해요.

강한 운을 지닌
액막이 부엉이 부적

임신했을 때 건강한 출산을 기원하러 갔던 스이텐구에서부터 산책을 시작했습니다. 닌교초역 주변에는 참배를 하기 위해 온 임부, 닌교야키(人形焼, 분라구 인형과 칠복신 모양 틀에 구워 만든 풀빵)를 사기 위해 방문한 어르신, 강한 행운을 부르고 액을 막아주는 신을 모신 고아미 신사를 참배하는 젊은 이와 회사원까지 폭넓은 연령대가 보이는 점이 인상적이었습니다. 니혼바시 하마초까지 발걸음을 옮기면 아름다운 작품과 만날 수 있는 갤러리 숍 히나타 노트가 있습니다. 히나타 노트 맞은편의 인기 베이커리 블랑제리 장고는 기하학무늬로 둘러싸인 쇼케이스가 인상적이었어요.

히나타 노트

작가의 작품과 공예품을 취급하는 갤러리 숍.
삶을 아름답게 물들이는 작품들을 만날 수 있어요.
저도 10년째 단골이랍니다!

직원 추천 빵은
다양한 종류의
데니시

비트
베이컨
에피

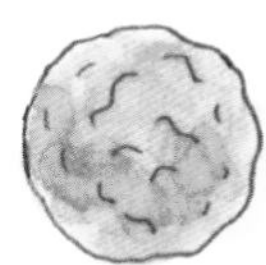

멜론빵

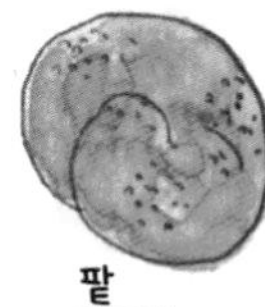

팥
바게트

제철 채소가 알록달록
수놓인 포카치아

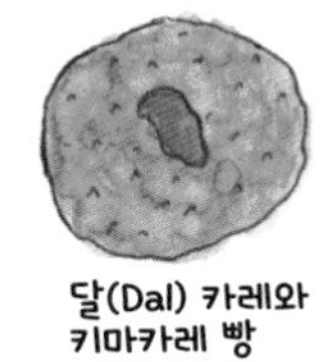

달(Dal) 카레와
키마카레 빵

팽 오
쇼콜라

La Boulangerie Django

스타일리시한 기하학무늬 타일과 매장 밖을 장식한
푸르른 식물의 조화가 돋보이는 블랑제리 장고입니다.
빵은 쇼케이스를 보면서 주문하면 됩니다.

다니야

사누키 우동으로 유명한 곳에서 실력을 쌓은 점주가 직접 수타 우동을 만듭니다. 그 맛에 매료된 사람들로 매장은 늘 문정성시! 쫄깃하고 목 넘김이 좋은 우동은 반죽을 밀자마자 바로 썰어서 끓는 물에 삶아줘요.

가시와텐 쓰케우동
닭튀김과 채소튀김은 바삭바삭. 육수 향을 듬뿍 머금은 쯔유에 찍어 먹습니다.

덴푸라 나카야마

일본의 TV 드라마에 등장한 구로텐동(까만 튀김 덮밥)이 유명합니다. 갓 튀긴 튀김을 이곳만의 비법인 까만 소스에 적셔서 밥 위에 올려 담습니다. 진한 간장 베이스의 달콤한 소스는 정말 맛있어서 젓가락이 멈추질 않아요!

빅토리아 시폰 케이크

촉촉한 시트에 크림과
잼을 바른 영국식 케이크

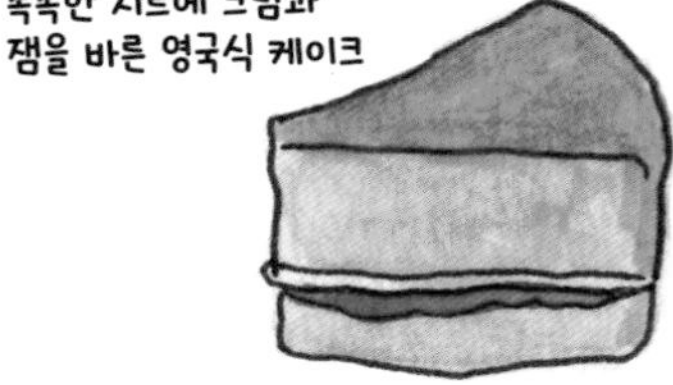

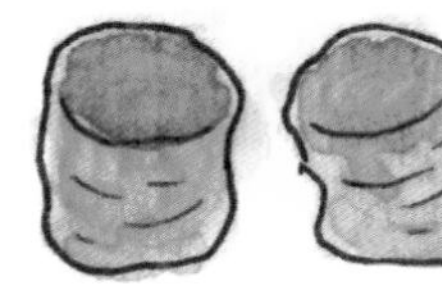

스콘은 겉은 바삭하면서
속은 부드럽습니다.
기분 좋은 달콤함이
느껴집니다.

당근케이크

크림치즈 프로스팅에
견과류와 건포도가
한가득

Tiny Toria Tearoom

브리티시 스타일의 티룸.
가장 인기 있는 애프터눈 티는 예약제예요.
제과류는 테이크아웃할 수 있습니다.

예스럽고 차분한 가운데 시민들의 생활상을 엿볼 수 있는 닌교초는 곳곳에 맛집이 위치해 있습니다. 일본의 TV 드라마에도 소개된 덴푸라 나카야마는 소스에 적신 구로텐동이 굉장히 맛있어요. 오픈 전부터 웨이팅 인파가 길게 늘어서는 우동집 다니야는 매장 앞에서 점주가 사누키 우동을 만드는 모습을 볼 수 있습니다. 예약제로 운영하는 애프터눈 티가 인기인 브리티시 스타일의 타이니 토리아 티룸은 엄선된 홍차와 잎차, 스콘이 정말 맛있습니다. 레트로한 분위기의 닌교초는 노포는 물론 새로운 스타일의 매장으로 늘 북적이는 '미식의 거리'였습니다.

공원의 상쾌한 공기를 마시며 발걸음을 긴자로!

히비야

1 겟코소 화방 (月光荘画材店)

p.91

1F·B1F, 8 Chome-7-2 Ginza, Chuo City, Tokyo

gekkoso.jp

2 겟코소 살롱 쓰키노 하나레 (月光荘サロン 月のはなれ)

p.91

5F, 8 Chome-7-18 Ginza, Chuo City, Tokyo

tsuki-hanare.com

3 파리 오가와켄 신바시점 (巴裡 小川軒 新橋店)

p.90

1F, 2 Chome-20-15 Shinbashi, Minato City, Tokyo

ogawaken.co.jp

instagram @paris_ogawaken

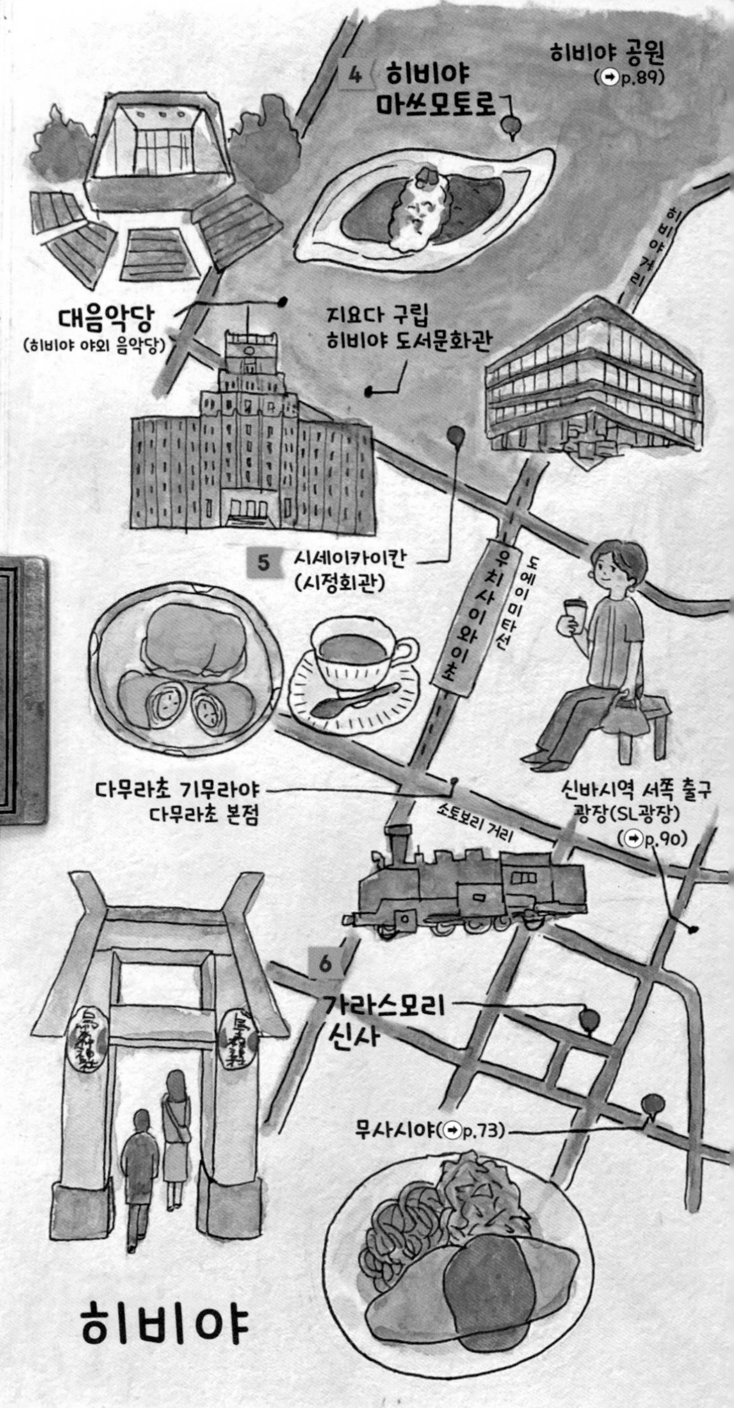

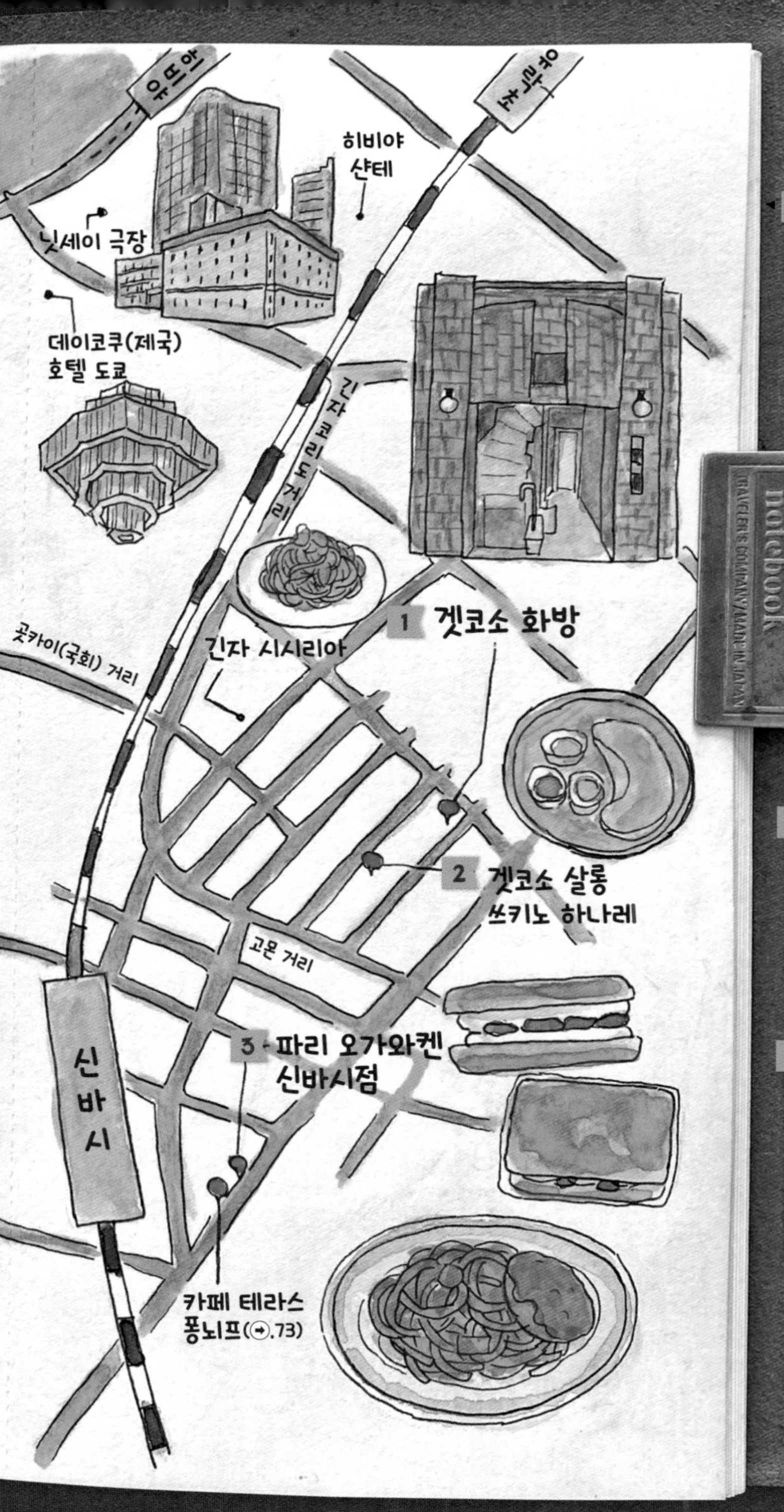

4 히비야 마쓰모토로 (日比谷松本楼)

➔ p.88

1-2 Hibiyakoen, Chiyoda City, Tokyo

www.matsumotoro.co.jp

5 시세이카이칸 (시정회관) (市政会館)

➔ p.88

1-3 Hibiyakoen, Chiyoda City, Tokyo

6 가라스모리 신사 (烏森神社)

➔ p.90

2 Chome-15-5 Shinbashi, Minato City, Tokyo

karasumorijinja.or.jp

히비야 마쓰모토로

히비야 공원 안에 있는 노포 양식 레스토랑

나무와 풀이 보이는 테라스 자리가 정말 멋집니다.
카레 자선 행사(마쓰모토로가 화재로 문을 닫았다가 재오픈할 때 이를 응원해준 사람들에게 감사한 마음을 전하기 위해서 1973년부터 시작한 행사. 기부에 참여한 사람 가운데 선착순 150명에게 10엔 카레를 제공합니다)가 유명합니다.

하야시&비프 카레
뭉근하게 졸여서 깊은 맛이 나는 하야시 소스와 카레를 모두 맛볼 수 있는 메뉴입니다.

시세이카이칸 (시정회관)

히비야 공원 남동쪽에 우뚝 솟아 있는 클래식한 건물은 도쿄 유형문화재로 지정된 곳입니다.

건물 내부는 단체 방문객만 견학할 수 있습니다.

신바시역 서쪽 출구 앞 SL광장 옆에 있는 가라스모리 신사에서 컬러풀한 고슈인을 받은 후 히비야로 향했습니다. 널찍하니 탁 트여서 상쾌한 히비야 공원 입구, 공원 안에 자리한 히비야 마쓰모토로의 테라스 자리에 앉아서 하야시&비프 카레를 먹었습니다. 100% 일본산 도구만 취급하는 겟코소 화방은 유명 인사도 즐겨 찾는다고 합니다. 나만 알고 싶은 오리지널 그림 도구와 친근하게 다가와서 손님의 이야기에 귀 기울이는 직원 덕분에 자연스레 단골이 될 수밖에 없어요. 긴자에서 신바시로 돌아오는 길에는 파리 오가와켄에서 꿈에 그리던 원조 레이즌 위치(RAISIN WICH)를 손에 넣었습니다.

히비야 공원

도심 한가운데 위치한 넓은 공원.
광장과 도서관, 카페, 야외 음악당이 있습니다.
오가는 사람들로 붐빕니다.

가라스모리 신사

음식점이 길게 죽 늘어선 골목 한복판에 있는
작은 신사입니다.
10세기에 지어져 오랜 역사를 자랑합니다.
예로부터 많은 사랑을 받아왔으며
특히 컬러풀한 고슈인이 인기가 많습니다.

신바시역 서쪽 출구 앞
SL 광장

파리 오가와켄 신바시점

1905년에 문을 연 양과자점.
원조 레이즌 위치가 유명합니다.
옆에는 카페도 있습니다.

원조 레이즌 위치,
버터 향이 솔솔 나는 쿠키는
고소하고 바삭합니다.
쿠키 사이에 크림과
큼지막한 건포도를 넣은 과자입니다.

겟코소 화방

1917년에 문을 연 화방.
자체 제작한 그림 도구만 취급합니다.
그림 그리기를 좋아한다면 꼭 한번
들러봐야 할 매장입니다.
호른 마크가 이곳의 상징입니다.

알루미늄 수채화 팔레트가
멋집니다.

유명 인사도 애용하는 스케치북.
크기도 다양해요.

물감은 투명한 수채화 물감,
구아슈(고무와 물을 섞어 만든 불투명한 물감),
유화 물감 등이 있습니다.

겟코소 살롱
쓰키노 하나레

화방에서 도보 3분 거리에 있는
테라스 카페입니다.
라이브 연주와 작품 전시를
언제나 즐길 수 있는 숨은 명소입니다.

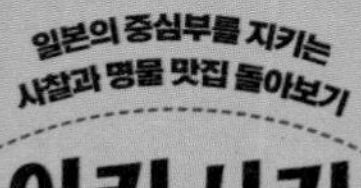

일본의 중심부를 지키는
사찰과 명물 맛집 돌아보기

아카사카

1 히에 신사 (日枝神社)

➡ p.97

📍 2 Chome-10-5 Nagatachō, Chiyoda City, Tokyo

🌐 www.hiejinja.net

2 아카사카 숯불구이 하야시 (赤坂すみやき料理はやし)

➡ p.96

📍 4F, 2 Chome-14-1 Akasaka, Minato City, Tokyo

Instagram @sumiyaki_hayashi_official

3 시로타에 (しろたえ)

➡ p.97

📍 4 Chome-1-4 Akasaka, Minato City, Tokyo

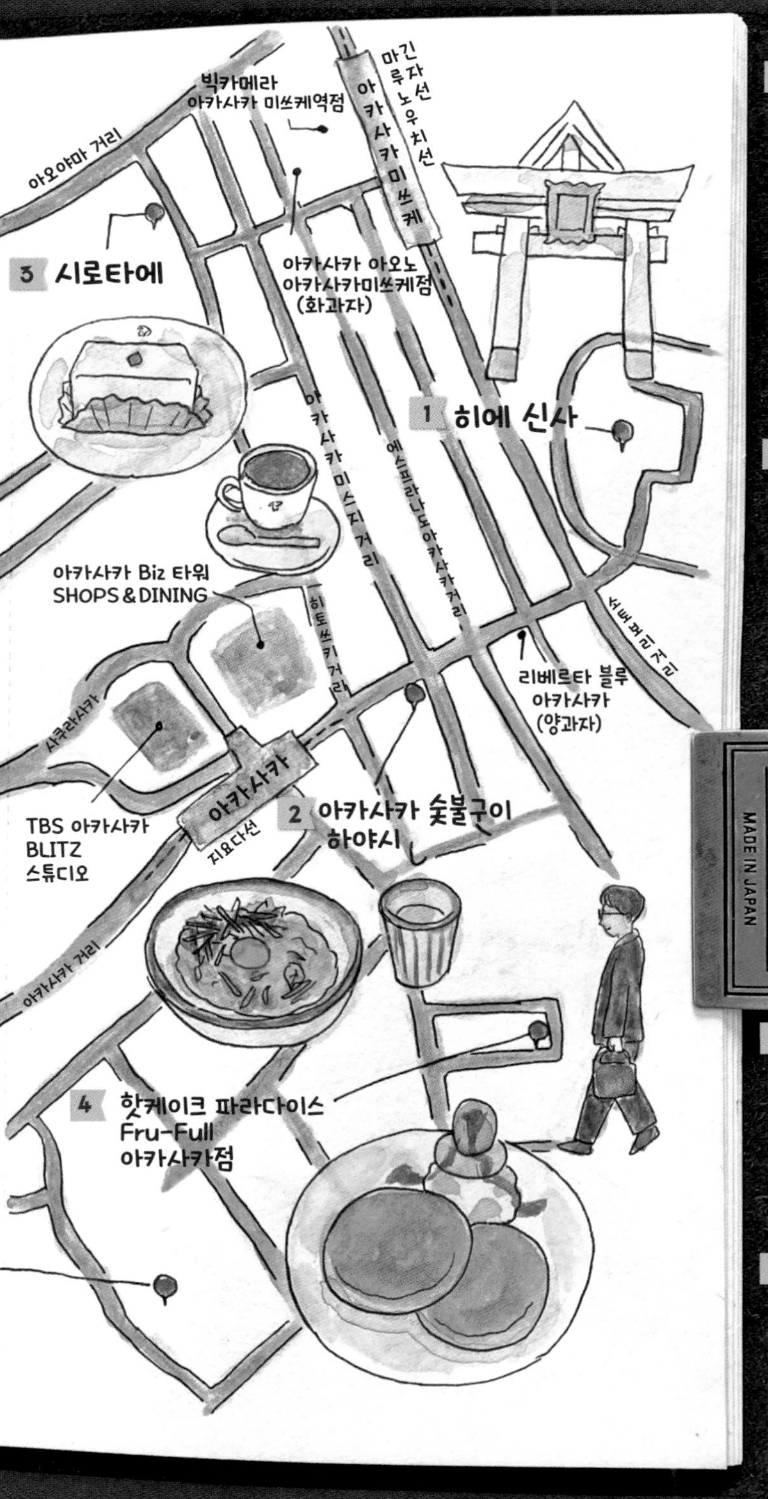

4 핫케이크 파라다이스 Fru-Full 아카사카점 (ホットケーキパーラーFru-Full 赤坂店)

p.96

103, 2 Chome-17-52 Akasaka, Minato City, Tokyo

www.frufull.jp/akasaka

5 도요카와 이나리 도쿄별원 (豊川稲荷東京別院)

p.95

1 Chome-4-7 Motoakasaka, Minato City, Tokyo

www.toyokawainari-tokyo.jp

6 도라야카료 아카사카점 (虎焼菓療 赤坂店)

p.95

3F, 4 Chome-9-22 Akasaka, Minato City, Tokyo

www.toraya-group.co.jp

7 아카사카히카와신사 (赤坂氷川神社)

p.94

6 Chome-10-12 Akasaka, Minato City, Tokyo

www.akasakahikawa.or.jp

아카사카 히카와 신사

푸르른 자연에 둘러싸인 대지에 자리 잡은 이 신사는 액을 막고 인연을 맺어주는 것으로 유명합니다. 신사 안의 공원에는 추정 수령이 400년인 은행나무가 있어요.

쭈글쭈글한 지리멘 원단으로 만든 체리 매듭을 나무에 걸고 기도합니다. 좋은 인연을 만나게 해달라고 기도하기 위해 이 신사를 찾는 젊은 여성이 많았습니다.

절과 신사 같은 사찰 건물을 중심으로 차분한 분위기의 거리가 인상적인 아카사카입니다. 역에서 도보 10분 정도 거리에는 사업가나 정치가도 참배하러 온다는 히에 신사를 비롯해 아카사카 히카와 신사, 도요카와 이나리 도쿄별원이 있는데 이들이 일본의 중심부를 지켜주는 듯한 느낌이 들었어요. 아카사카에는 시로타에의 명물 레어치즈 케이크를 시작으로 Fru-Full의 핫케이크, 하야시의 오야코동 등 유명한 음식들이 많습니다. 화과자로 유명한 도라야 아카사카점은 지하에 갤러리를 운영해서 화과자와 일본 문화에 관한 전시를 비정기적으로 개최한다고 합니다.

도라야카료 아카사카점

노포 화과자점 '도라야'의 아카사카 지점은 상품 판매점, 찻집뿐만 아니라 갤러리가 있어 전시도 즐길 수 있습니다.

세키한(赤飯, 찹쌀에 팥이나 동부콩을 넣어서 지은 붉은 밥)
선명한 팥색이 인상적입니다. 동부콩이 아니라 팥을 사용한 세키한은 찹쌀의 단맛과 팥의 따끈따끈하고 부드러운 식감이 인상적입니다.

안미츠
팥앙금은 물론 붉은 태양 같은 규히(求肥, 찹쌀가루에 설탕이나 물엿을 넣어 반죽해 만든 화과자)와 한천까지 재료 하나하나를 정성스럽게 만들어서 그런지 한 입 먹을 때마다 행복해집니다.

다이키치조레이(大吉祥礼, 대운이 들어오길 바라며 하는 행사)
새해 첫 참배 때 받은 다카라부네(宝船, 칠복신이 보물을 싣고 타고 있는 배)

인연을 맺어주는 매화
쭈글쭈글한 지리멘 천으로 만든 매화 부적

도요카와 이나리 도쿄별원

아이치현 도요카와각의 별원으로, 이곳을 방문하면 상업이 번창하고 예술 계통의 일이 잘 풀리는 것으로 유명합니다. 아름다운 와시(和紙, 일본 전통 종이)를 사용한 오리지널 고슈인이 인기 있습니다.

아카사카 숯불구이 하야시

아카사카에 있다는 사실을 잊어버릴 정도로, 오래된 전통 가옥의 매장에서 힐링했습니다.

숯불구이 요리 전문점입니다.
낮에는 오야코동(닭고기 덮밥)만 판매하는데,
'일본 제일의 오야코동'이라 불릴 만큼 인기 있는 곳이에요.

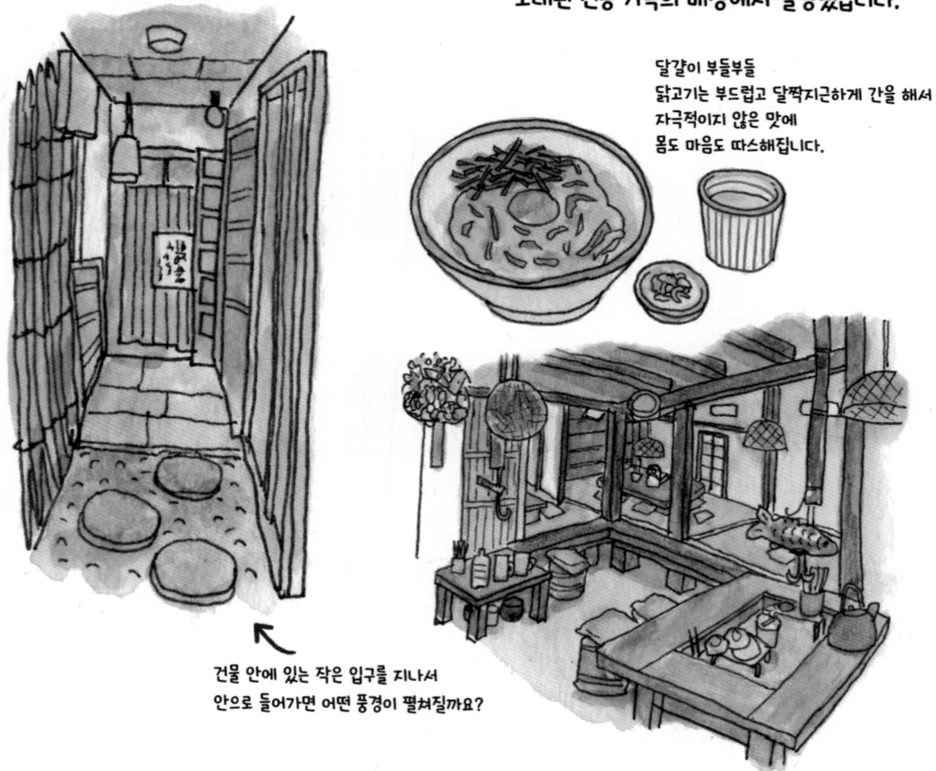

달걀이 부들부들
닭고기는 부드럽고 달짝지근하게 간을 해서
자극적이지 않은 맛에
몸도 마음도 따스해집니다.

건물 안에 있는 작은 입구를 지나서
안으로 들어가면 어떤 풍경이 펼쳐질까요?

과일 크림 핫케이크

갓 구운 핫케이크는 겉은 바삭하고 속은 폭신폭신합니다.
과일이 들어간 크림이 함께 제공됩니다.

핫케이크 파라다이스 Fru-Full 아카사카점

**핫케이크와 과일 전문점.
신선한 과일을 사용한 메뉴가
인기 있습니다.**

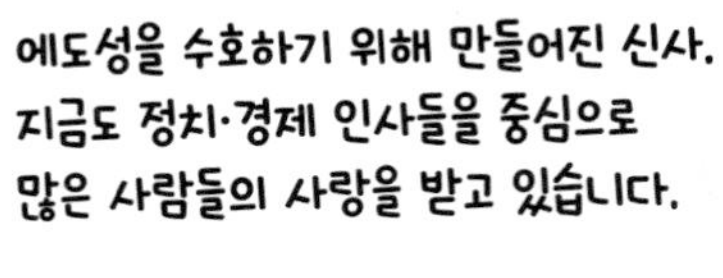

에도성을 수호하기 위해 만들어진 신사.
지금도 정치·경제 인사들을 중심으로
많은 사람들의 사랑을 받고 있습니다.

산 모양이 특징인 도리이
(鳥居, 신사 입구에 인간계와 신계를
구분 짓는 역할을 하는 건축물)

결혼식이
진행되고 있었어요.

시로타에

히토쓰키 거리에 있는 노포 양과자점.
클래식한 분위기로 옛 시절을 떠올리게 하는 케이크는
하나같이 맛이 훌륭해서
웨이팅하는 사람들로 늘 붐비는 맛집입니다.

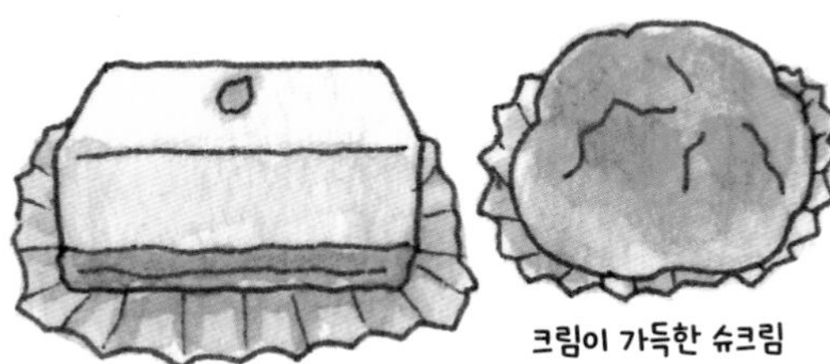

크림이 가득한 슈크림

명물 레어치즈 케이크

아사쿠사

1 스즈키엔 (壽々喜園)

p.102

3 Chome-4-3 Asakusa, Taito City, Tokyo

www.suzukien.tokyo

2 센소지 (浅草寺)

p.100

2 Chome-3-1 Asakusa, Taito City, Tokyo

www.senso-ji.jp

3 오니기리 아사쿠사 야도로쿠 (おにぎり浅草宿六)

p.101

3 Chome-9-10 Asakusa, Taito City, Tokyo

onigiriyadoroku.com

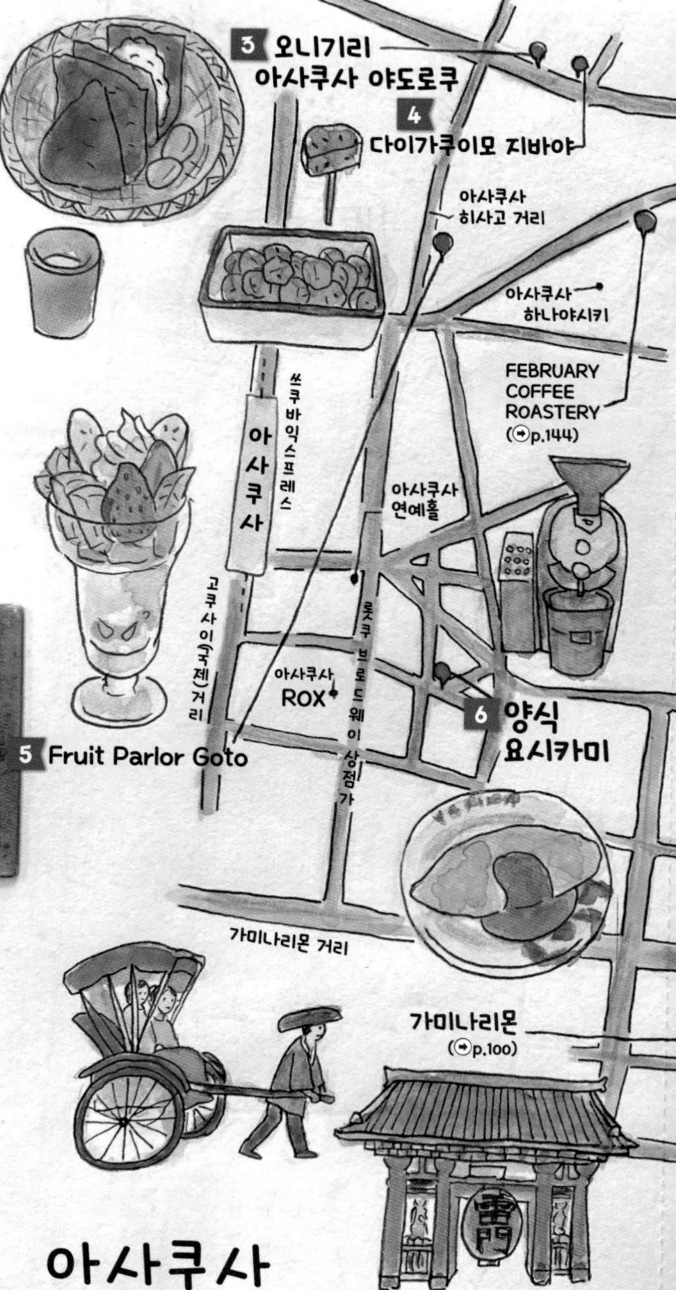

4 다이가쿠이모 지바야
(大学いも千葉屋)

➡ p.101
3 Chome-9-10 Asakusa, Taito City, Tokyo

5 Fruit Parlor Goto

➡ p.102
2 Chome-15-4 Asakusa, Taito City, Tokyo
Instagram @gotofruit

6 양식 요시카미
(洋食ヨシカミ)

➡ p.103
1 Chome-41-4 Asakusa, Taito City, Tokyo
www.yoshikami.co.jp

인력거도 인기가 많습니다.

아사쿠사 하면 떠오르는
가미나리몬(雷門)입니다.
센소지까지 이어지는
나카미세 상점가는
활기가 넘칩니다.

혼잡할 것을 예상하고 아침 일찍 출발해 9시에 도착했는데도 이미 관광객들로 북적거리는 아사쿠사. 예전부터 보고 싶었던 가미나리몬에 들어서자 활기 넘치는 나카미세 상점가가 보입니다. 상점가를 지나 센소지에서 고슈인을 받은 다음 맛집 탐방을 시작했어요. 줄곧 노리고 있었던 다이가쿠이모(고구마 맛탕)를 먹고, 바 테이블로 되어 있는 오니기리 전문점 야도로쿠로 갔습니다. 가마솥에 지은 밥과 엄선한 재료로 만드는 오니기리는 한번 맛을 보면 오니기리의 개념이 180도 바뀔 정도로 맛있답니다. 점주의 집념이 느껴지는 맛을 알게 된 덕분인지 집에서 만드는 오니기리까지 달라진 것 같아요.

오니기리 아사쿠사 야도로쿠

도쿄에서 가장 오래된 오니기리 전문점입니다. 가마솥에 지은 밥으로 엄선한 속 재료를 싸서 갓 만들어낸 오니기리를 제공합니다.

바에는 통에 담긴 재료가 죽 늘어서 있습니다.

식감은 폭신하고 따끈따끈해서 맛있습니다!

윤기가 좌르르
반짝반짝
꿀이 딱딱하게 굳지 않아서
식어도 맛있습니다!

다이가쿠이모 지바야

다이가쿠이모와 기리아게(切揚, 고구마 튀김) 전문점. 고구마를 유채 기름에 튀겨서 꿀에 버무립니다.

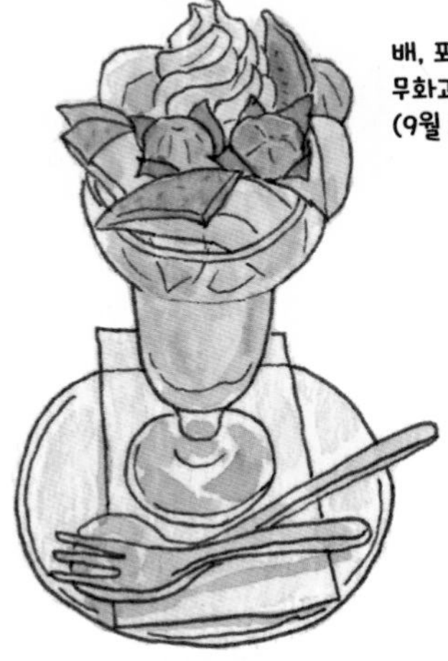

배, 포도,
무화과 파르페
(9월 메뉴)

오늘의 과일 파르페
(봄 메뉴)

Fruit Parlor Goto

신선한 과일을 사용한 파르페가 인기 폭발!
제철 과일을 즐길 수 있어요.

가미나리몬 일러스트가
귀여운 티백

말차 젤라토의
말차 농도는
총 7단계!

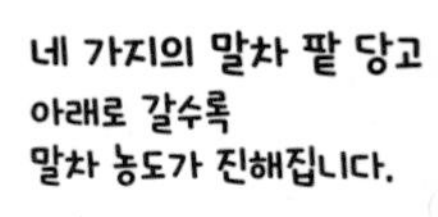

스즈키엔

일본 차 전문점.
세계에서 가장 진한 말차 젤라토를
먹기 위해 찾아오는 사람들로
매일 북적거립니다.

양식 요시카미

옛 맛을 떠올리게 하는 양식당입니다.
"너무 맛있어서 죄송합니다!"라는
문구 그대로 어떤 메뉴를 먹어도 맛있어서
문전성시를 이루는 맛집이에요.

오픈 키친에서는
요리사가 부지런히
요리를 만듭니다.

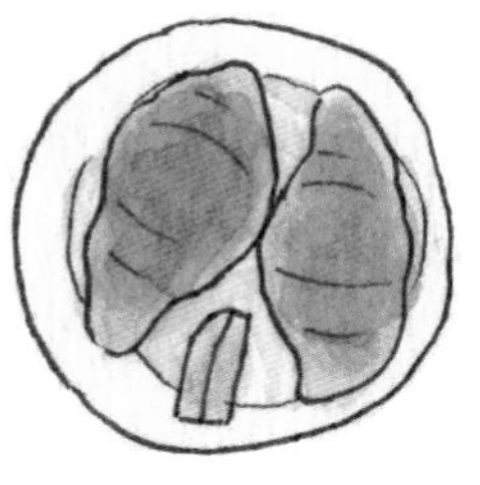

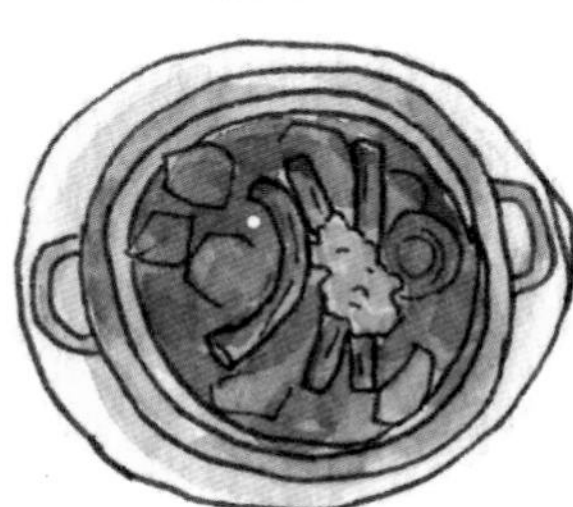

뭉근하게 졸여서 감칠맛이 응축된
비프스튜는 고기도 부드럽습니다.

히사고 거리 근처에 있는 푸르트 팔러 고토는 제철 과일 파르페가 아주 인기 있습니다. 혼자 방문하기에도 편했어요. '세상에서 가장 진한 말차'로 알려진 스즈키엔에 가보니 80% 가량이 외국인이었습니다. 아래로 갈수록 말차 농도가 진해지는 4종의 말차 팥소 당고를 눈 깜짝할 사이에 먹어버렸어요. 말차 농도가 7단계나 있는 젤라토는 꼭 최고 단계를 먹어보세요. 대기줄을 보면 기다려서라도 맛을 봐야 직성이 풀리는 성격이라서 양식집 요시카미를 발견하자마자 망설임 없이 줄을 섰습니다. 노포가 고집스럽게 지켜온 본고장의 비프스튜를 먹을 수 있어서 아주 만족스러웠습니다.

서양 문화와 일본 전통문화가 공존하는 명품 거리

아자부주반

1 주반 이나리 신사 (十番稲荷神社)

p.106

1 Chome-4-6 Azabujuban, Minato City, Tokyo

www.jubaninari.or.jp

2 HUDSON MARKET BAKERS

p.108

1 Chome-8-6 Azabujuban, Minato City, Tokyo

hudsonmarketbakers.jp

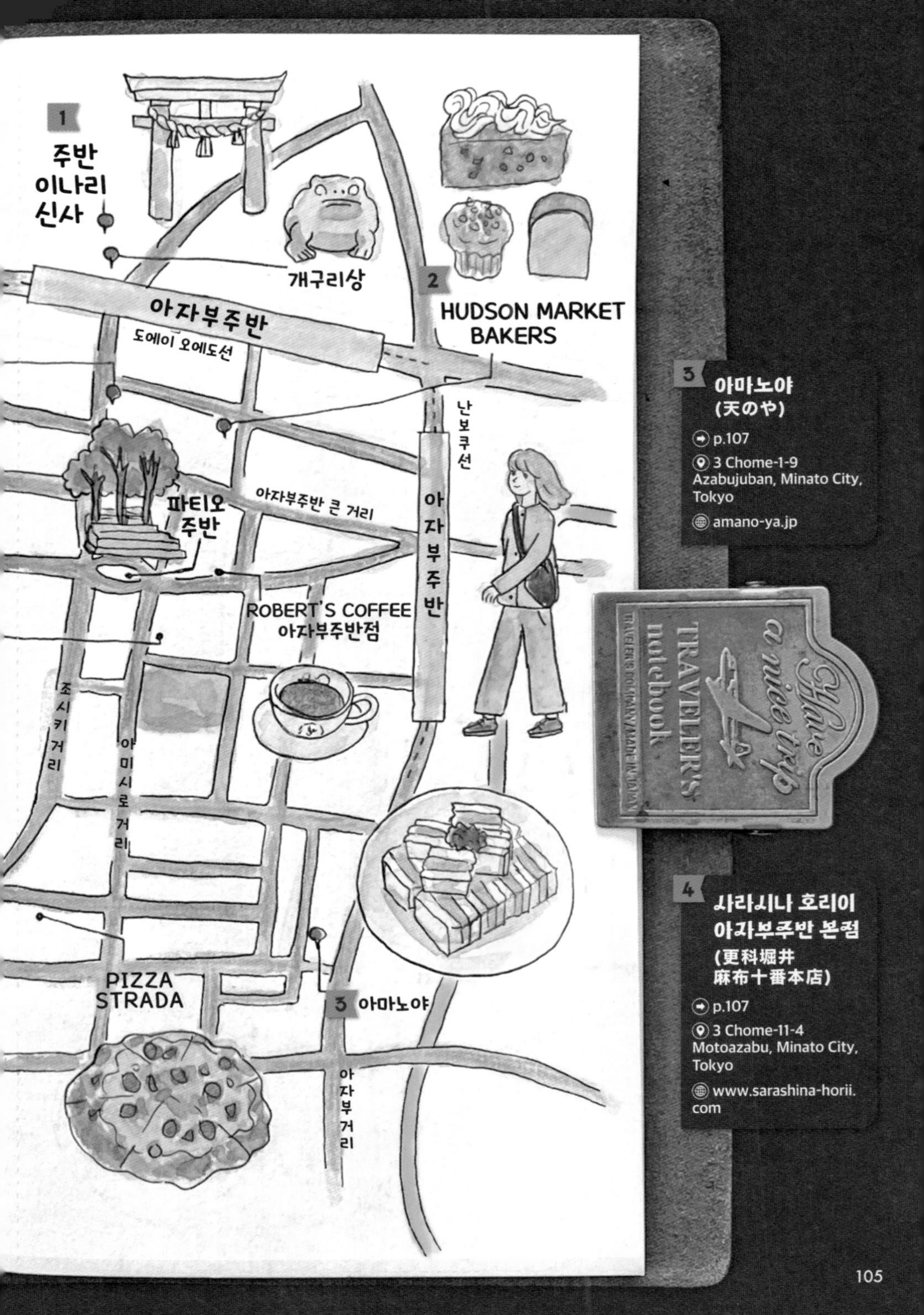
1
주반 이나리 신사
개구리상
2
HUDSON MARKET BAKERS
아자부주반
도에이 오에도선
난보쿠선
아자부주반 큰 거리
파티오 주반
아자부주반
ROBERT'S COFFEE 아자부주반점
조시키거리
아미시로거리
PIZZA STRADA
3 아마노야
아자부거리
3
아마노야
(天のや)
p.107
3 Chome-1-9 Azabujuban, Minato City, Tokyo
amano-ya.jp
4
사라시나 호리이 아자부주반 본점
(更科堀井 麻布十番本店)
p.107
3 Chome-11-4 Motoazabu, Minato City, Tokyo
www.sarashina-horii.com
Have a nice trip
TRAVELER'S notebook
TRAVELER'S COMPANY / MADE IN JAPAN

주반 이나리 신사

도에이 오에도선 출구 바로 앞에 있는 작은 신사입니다. 미나토 시치후쿠진(港七福神, 미나토 칠복신)이 타고 다니는 보물선과 커다란 개구리상이 있는데 지역 주민에게 늘 사랑받고 있습니다.

개구리상
애교 넘치는 표정이 귀엽습니다.

아자부주반역 바로 앞에 있는 주반 이나리 신사는 미나토 시치후쿠진 순례길 중 하나인 보물선 순례길로 유명해서 항상 사람들로 붐빕니다. 점심에는 문을 연 지 230년이 넘은 사라시나 호리이에서 하얀 소바를 먹었습니다. 가키아게(해산물 채소튀김)도 바삭하고 정말 맛있었어요. 점심시간을 활용해서 혼자 재빨리 먹고 돌아가는 손님이 많았습니다. 빕 구르망(Bib Gourmand)을 획득한 아마미도코로 아마노야에서는 차분한 분위기 속에서 대표 메뉴인 다마고산도와 일식 디저트를 먹었습니다. 아자부주반은 지나다니는 사람과 건물, 점원, 손님까지 모두 우아하고 기품이 넘치는 거리였습니다.

사라시나 호리이 아자부주반 본점

1789년에 문을 연 노포 소바 맛집.
차분한 분위기에서 소바를 먹을 수 있습니다.
대표 메뉴인 사라시나 소바는
메밀의 속 알맹이만 사용한 하얀 면이 특징이에요.

동그란 가키아게는 바삭바삭!
새우, 참나물 향기에 군침이 꿀꺽!

대표 메뉴 다마고산도
주문이 들어오면 만들기 시작하는
다시마키 다마고(일본식 달걀말이)는 탱탱하고
한 입 베어 물면 입안 가득 육즙이 퍼져나갑니다.

수제 푸딩
부드럽고 탱탱해요!
기분 좋은 달콤함을 선물하는 푸딩

아마노야

오사카의 노포 아마미도코로(甘味所, 일본 전통 디저트 전문점)가 2002년 아자부주반으로 이전하며 단골을 꾸준히 늘려가고 있습니다.
고아한 분위기가 매력 포인트. 미쉐린도 인정한 곳이에요.

HUDSON MARKET BAKERS

뉴욕 스타일의 제과 전문점.
케이크와 머핀, 쿠키 등 집에서 만든 것처럼
따스함이 묻어나는 구움과자가 인기 있습니다.

여러 대사관이 근처에 있어서인지 여행자로 보이지 않는 외국인의 모습이 자주 눈에 띄는 아자부주반. 옛 시가지의 정취와 외국 문화가 융합돼서 이국적이면서도 세련된 분위기가 멋스러운 동네예요. 뉴욕 스타일의 세계관이 잘 드러나는 허드슨 마켓 베이커스는 진한 뉴욕 치즈 케이크가 인기입니다. 쇼케이스에는 하나하나 직접 만든 과자가 진열되어 있습니다. 케이크와 함께 커피를 즐기다 보면 마치 미국에 온 듯한 기분을 맛볼 수 있어요.

동네별 이나리스시 인기 맛집

이에모토야 (아카사카)

전통적인 이나리스시

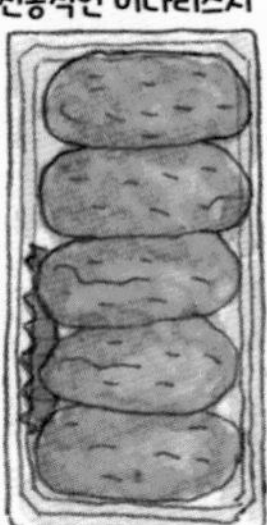

도요카와 이나리 도쿄별원 내에 자리한 매장입니다. 달달한 소스가 밥알 하나하나에 잘 스며들어 촉촉한 이나리스시는 인기가 아주 많아요.

오쓰나스시 (롯폰기)

1875년에 문을 연 노포 초밥 전문점. 뒤집은 유부 주머니와 유자 향이 나는 밑밥이 특징입니다. '뒤를 먹는다(裏を食う, 선수를 쳐서 앞질러 가다)'는 의미에서 방송 업계 사람들에게 선물로 인기가 있다고 해요.

노리후토마키 이나리 (일본식 굵은 김초밥, 유부초밥)

고지로 (미나미아자부)

대나무껍질 8개 들이

한적한 주택가에 있는 이나리스시 전문점. 롤 형태로 말아 놓은 한입 크기의 이나리스시는 참깨와 호두 등이 들어가며 고급스러운 맛이 납니다.

간다 시노다스시 (간다)

이나리스시는 달달한 소스가 잘 스며들어 유부가 촉촉하고, 밑밥에는 연근이 들어 있습니다. 박고지말이는 깊은 감칠맛에 식감이 아주 좋아요.

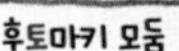

후토마키 모둠

스즈키 신타로의 일러스트가 들어간 포장지가 귀엽습니다.

오색말이 모둠

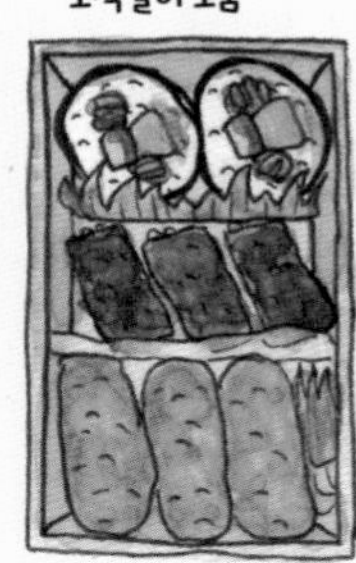

닌교초 시노다스시 총본점 (닌교초)

아마자케 요코초에서 1877년 문을 연 노포입니다. 유부를 3~4일 동안 양념에 잘 재워 만든 이나리스시는 깊은 풍미를 즐길 수 있습니다.

이나리스시 후쿠주야 (아사쿠사)

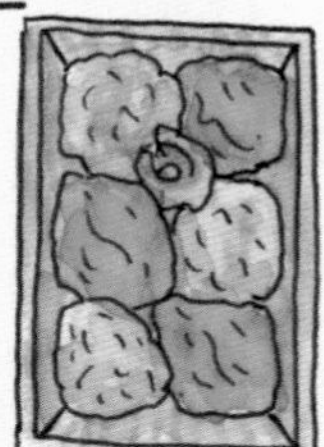

이나리스시

1922년 문을 열었습니다. 10년 정도 문을 닫았다가 4대 사장이 리뉴얼하여 재오픈했습니다. 한입 크기의 유부는 촉촉하고 밑밥에는 연근 초절임과 생강 초절임이 들어 있어요.

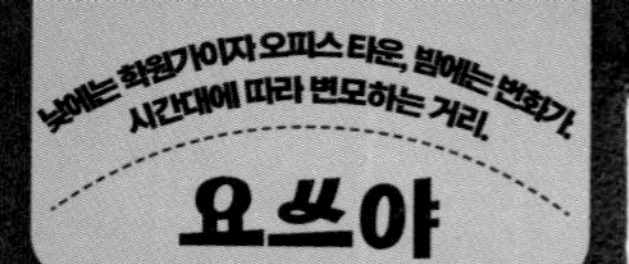

낮에는 학원가이자 오피스 타운, 밤에는 번화가. 시간대에 따라 변모하는 거리.

요쓰야

1 MOCHI

➔ p.115

📍 1-16 Yotsuyasakamachi, Shinjuku City, Tokyo

Instagram @yotsuya_mochi

2 커틀릿 요쓰야 다케다 (かつれつ四谷たけだ)

➔ p.113

📍 1F, 1 Chome- 4 -2 Yotsuya, Shinjuku City, Tokyo

3 단야키 시노부 (たん焼 忍)

➔ p.114

📍 1F, 14-4 Yotsuya Saneicho, Shinjuku City, Tokyo

🌐 tanyakishinobu.com

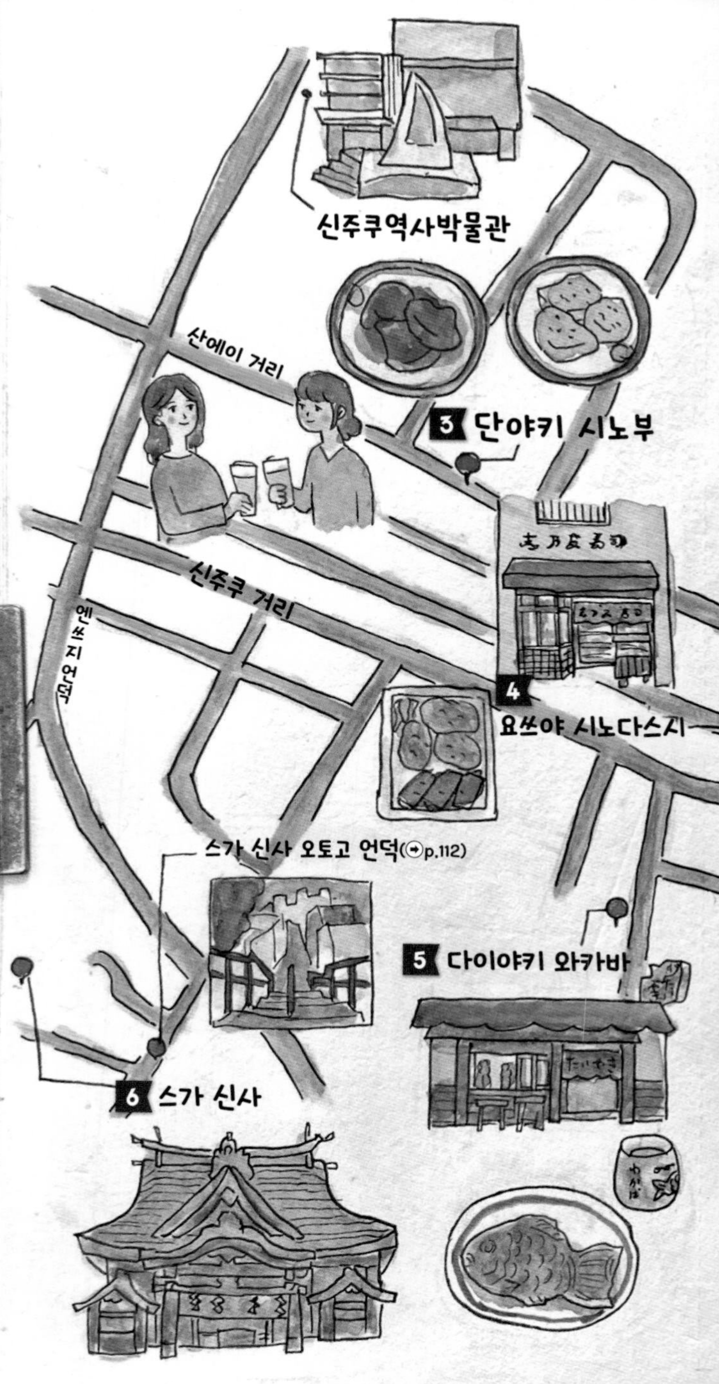

4 요쓰야 시노다스시 (四谷志乃多寿司)

p.112

1 Chome-19 Yotsuya, Shinjuku City, Tokyo

www.shinodazushi.com

5 다이야키 와카바 (たいやき わかば)

p.114

1F, 1 Chome-10 Wakaba, Shinjuku City, Tokyo

6 스가 신사 (須賀神社)

p.112

5-6 Sugacho, Shinjuku City, Tokyo

sugajinjya.or.jp

스가 신사

언덕 위 늠름한 자태를 자랑하는
요쓰야 총진수(사당).
사업 번창 및 풍작을 바라는 사람들이
많이 찾는 곳입니다.

스가 신사 오토코 언덕

애니메이션 <너의 이름은>의
마지막 장면에 등장한 계단으로 유명합니다.

요쓰야 시노다스시

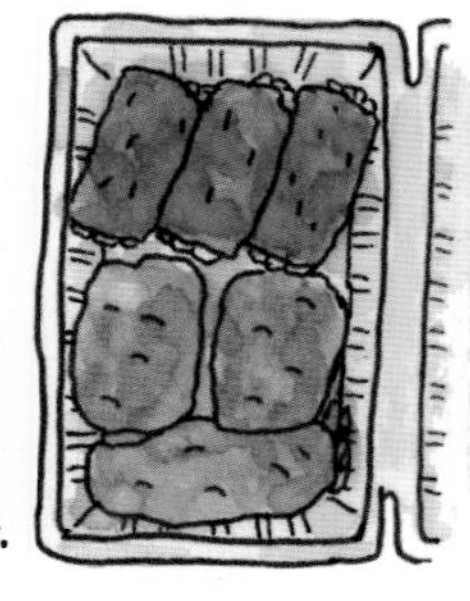

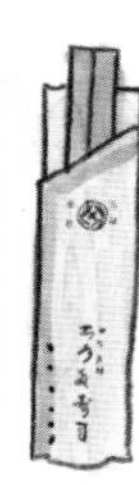

개업한 지 100년이 넘은 노포로
이나리스시 전문점입니다.
현재는 테이크아웃만 가능해요.
달달한 유부의 이나리스시와
두툼하게 잘라서 통통하게 조린 박고지를
넣어 만든 박고지말이 모두
자극적이지 않고 입에 착 달라붙는 맛입니다.

신미치 거리

걷다 보면 절로 술이 고파지는 매장이
쭉 들어선 골목입니다.

JR 요쓰야역에서 신미치 거리로 접어들면
바로 보이는 인기 식당.
유명인의 사인이 잔뜩 걸려 있어요.

커틀릿
요쓰야 다케다

멘치 믹스 정식에는 미니 멘치카츠,
새우튀김, 보리멸 튀김이 포함됩니다.

히레카츠 오로시폰즈 정식
(안심 돈가스, 간 무에 폰즈소스를 뿌려 제공)

웨이팅이 있으면 맛집이라고 생각하기 때문에
바로 이어 줄을 섭니다.

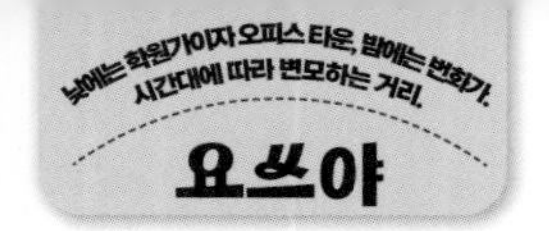

단야키 시노부

소혀 요리 전문점.
늘 손님으로 붐비는 인기 식당으로 한번 맛을 보면 잊지 못할 정도로 맛있습니다.

유데탄(ゆでたん, 데친 혀)

탄시추(タンシチュ, 혀 스튜)

다이야키 와카바

1953년 문을 연 후로 행렬이 끊이지 않는 인기 맛집입니다.
'다이야키의 꼬리에 늘 팥소가 있도록'을 사훈으로 삼아서 하나하나 정성스럽게 굽는 다이야키가 일품입니다!

MOCHI

한적한 주택가에 자리 잡은
빵과 케이크 전문점

시나몬 롤

듬뿍 올린 크림치즈에 시나몬 파우더.
반죽은 폭신하면서도 쫀득쫀득해요.

구겔호프

오렌지 필과 건포도가 들어갔습니다.
포근하면서도 부드러운 식감이 특징이에요.

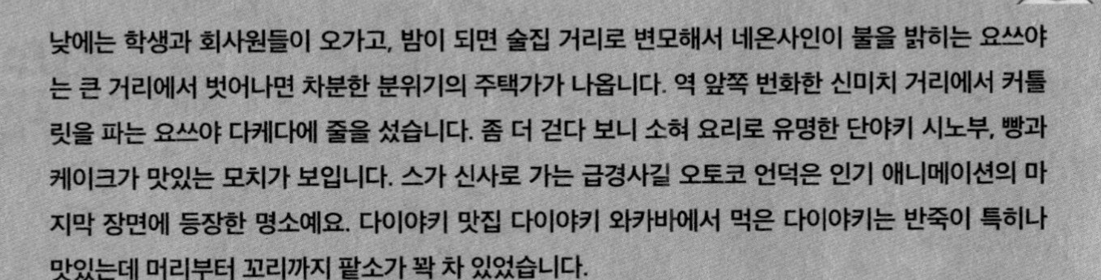

낮에는 학생과 회사원들이 오가고, 밤이 되면 술집 거리로 변모해서 네온사인이 불을 밝히는 요쓰야는 큰 거리에서 벗어나면 차분한 분위기의 주택가가 나옵니다. 역 앞쪽 번화한 신미치 거리에서 커틀릿을 파는 요쓰야 다케다에 줄을 섰습니다. 좀 더 걷다 보니 소혀 요리로 유명한 단야키 시노부, 빵과 케이크가 맛있는 모치가 보입니다. 스가 신사로 가는 급경사길 오토코 언덕은 인기 애니메이션의 마지막 장면에 등장한 명소예요. 다이야키 맛집 다이야키 와카바에서 먹은 다이야키는 반죽이 특히나 맛있는데 머리부터 꼬리까지 팥소가 꽉 차 있었습니다.

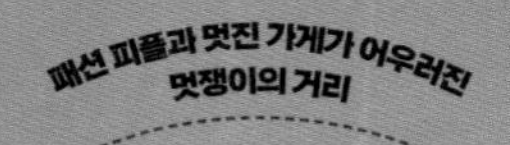

요요기 공원

1 요요기하치만구
(代々木八幡宮)

p.120

5 Chome-1-1 Yoyogi, Shibuya City, Tokyo

yoyogihachimangu.or.jp

2 요요남
(ヨヨナム)

p.120

5 Chome-66-4 Yoyogi, Shibuya City, Tokyo

puhura.co.jp/our-shop/yoyonam

Instagram @yoyonam.tokyo

3 365니치
(365日)

p.119

1 Chome-2-8 Tomigaya, Shibuya City, Tokyo

www.panportal.jp/365jours

Instagram @365_nichi

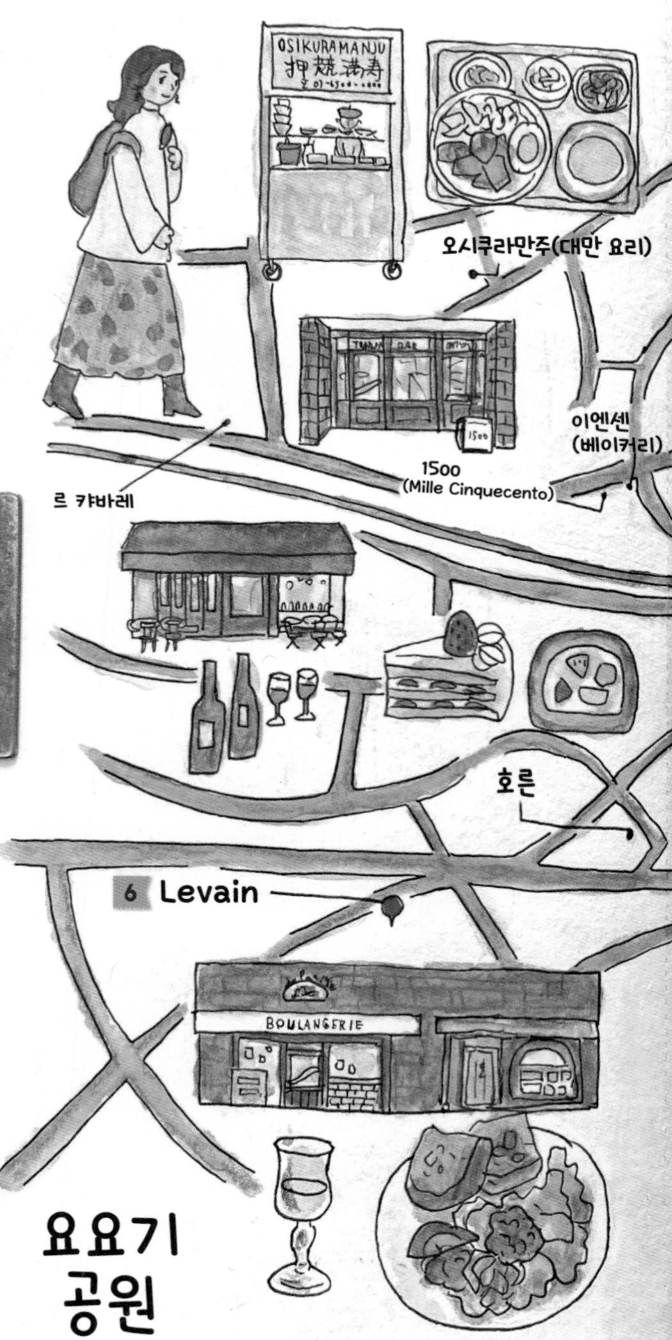

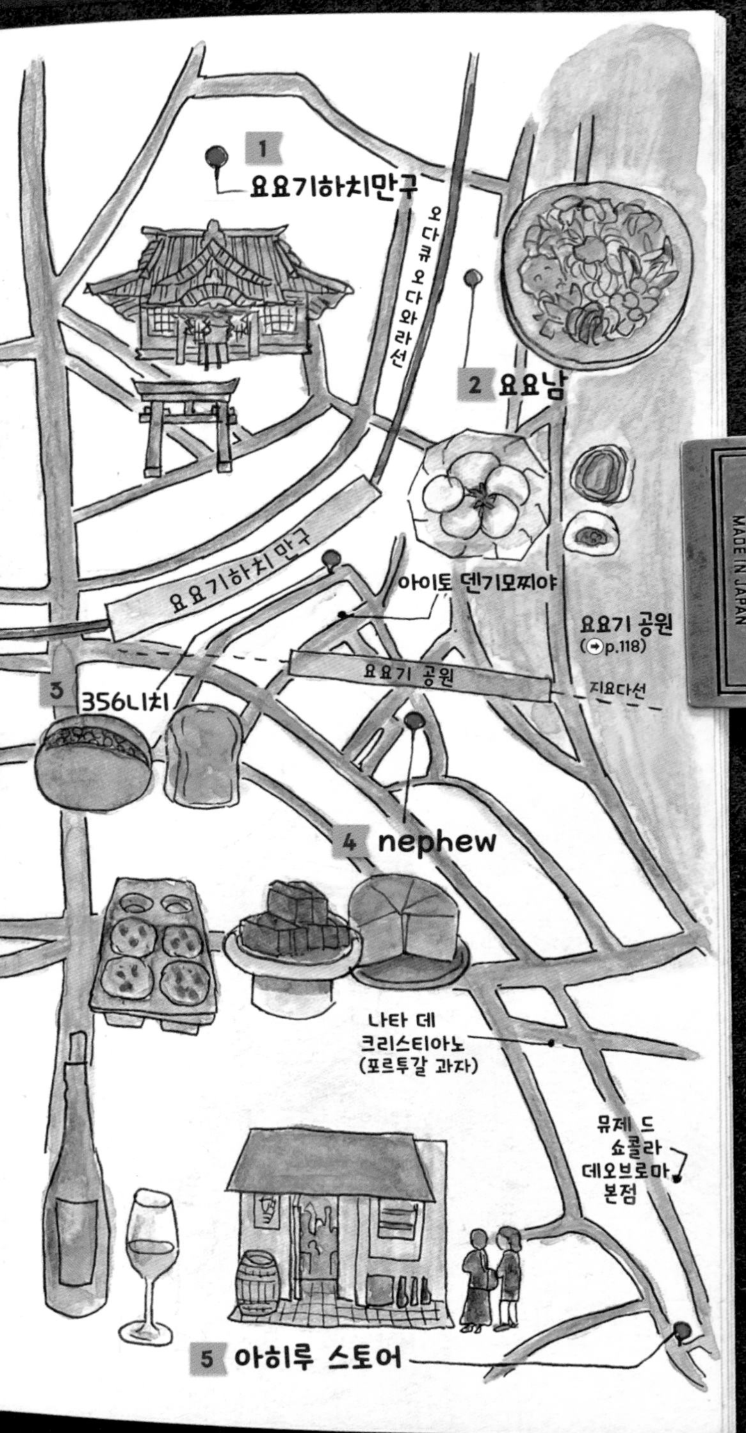

4 nephew

➜ p.119

1 Chome-7-2 Tomigaya, Shibuya City, Tokyo

andsupply.store/pages/nephew_yoyogipark

instagram @nephew_yoyogipark

5 아히루 스토어 (アヒルストア)

➜ p.121

1 Chome-19-4 Tomigaya, Shibuya City, Tokyo

6 Levain

➜ p.121

2 Chome-43-13 Tomigaya, Shibuya City, Tokyo

instagram @levain_tokyo

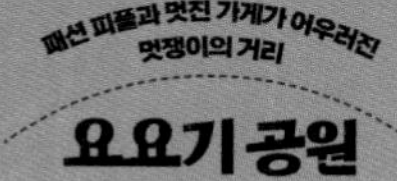

요요기 공원

도심에 펼쳐진 광대한 수풀 공원.
날씨가 좋은 계절에는
피크닉과 산책을 나온 사람으로 붐빕니다.

푸르른 자연에 세련된 분위기가 감도는 요요기 공원 주변. 멋스러운 스타일이 돋보이는 사람들이 어우러져 감각적이고 센스 넘치는 생활을 즐기는 지역이라는 인상을 줍니다. 예전부터 번영한 땅에는 요요기하치만구 같은 큰 신사가 있더군요. 제가 '이렇게 맛있을 수가!' 하고 감동하며 내추럴 와인의 매력에 눈을 뜬 아히루 스토어, 빵순이·빵돌이에게 인기 있는 크루아상, 디자인 회사가 직접 운영하는 카페&바 등 이곳의 매장들은 하나하나가 개성적입니다. 빕 그루망을 획득한 베트남 음식점 요요남은 단골손님들로 늘 붐비고 있어요.

365니치

일본산 식재료를 사용해서 만든
따끈따끈한 빵을 먹음직스럽게 진열합니다.
조미료와 쌀, 커피, 내추럴 와인을 갖춘
인기 만점인 곳입니다.

종이 가방이
귀여워요.

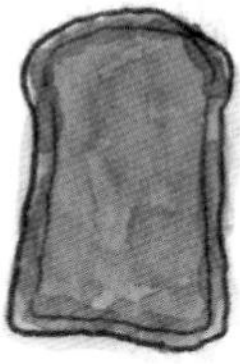

허니 토스트

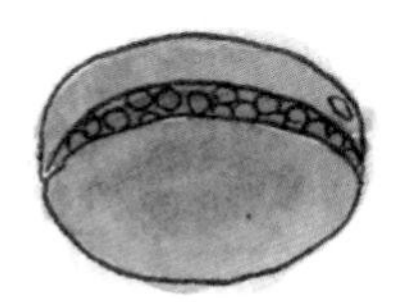

크로칸 쇼콜라
사이에 들어간 초콜릿이
바삭바삭해서
신기했습니다.

nephew

점심은 카페, 저녁은 바로 운영하는 곳.
디자인 회사가 운영해서 그런지
굉장히 세련됐습니다.
카운터 바로 앞에 있는 디저트 타워는
외국 카페에 온 듯한 설렘을 느끼게 합니다.

머핀

파운드케이크
종류도 다양

당근케이크

박스석도
신선하고 좋았어요.

요요기하치만구

1212년에 창건한 신사.
오진 일왕(応神天皇, 201~310,
일본의 15대 왕으로 '천왕'이란
칭호를 처음으로 사용했다고 전해진다.
하지만 실존 인물인지에 관한 논란이 있다)을
모신 곳입니다.
액을 막고 운이 트이는 곳으로 유명해요.

나무와 풀이 우거진 경내는
조몬시대 토기와 수혈식 주거를
복원한 것입니다.

제철 채소가 아삭아삭한 비빔면

채소가 듬뿍!
다양한 식감을
즐길 수 있는
인기 No.1 메뉴

요요남

좁은 골목으로 들어가면 모습을 드러내는
비밀기지 같은 베트남 음식점.
요요기 공원이 가까워서 포장해 가는 사람도 많습니다.

Levain

목가적인 분위기의 빵집입니다.
프랑스 지방 도시에 있는 빵집에 온 듯해요.
산미가 있고 씹을수록 소재의
감칠맛이 느껴지는 수제 효모빵은
무게를 달아서 판매합니다.
옆에 카페도 있어요.

아보카도 문어 파스타
거의 모든 사람이 주문한다는
인기 메뉴

외프 마요네즈
(Oeuf-mayonnaise)
캉파뉴도 맛있어요!

가벼운 분위기든 진지한 분위기든,
언제 마셔도 어울리는
내추럴 와인

아히루 스토어

와인을 좋아한다면 꼭 방문해야 할
내추럴 와인바입니다.
맛있는 와인과 요리를 즐기러 오는
사람들의 기대감이 그대로 전해집니다.

일본근대
문학관
4 구 마에다 저택 서양관
일본민예관 서관
고마바 거리
구 마에다 저택
일본관
메구로 구립
고마바 공원
5 일본민예관
고마바
notebook
MADE IN JAPAN

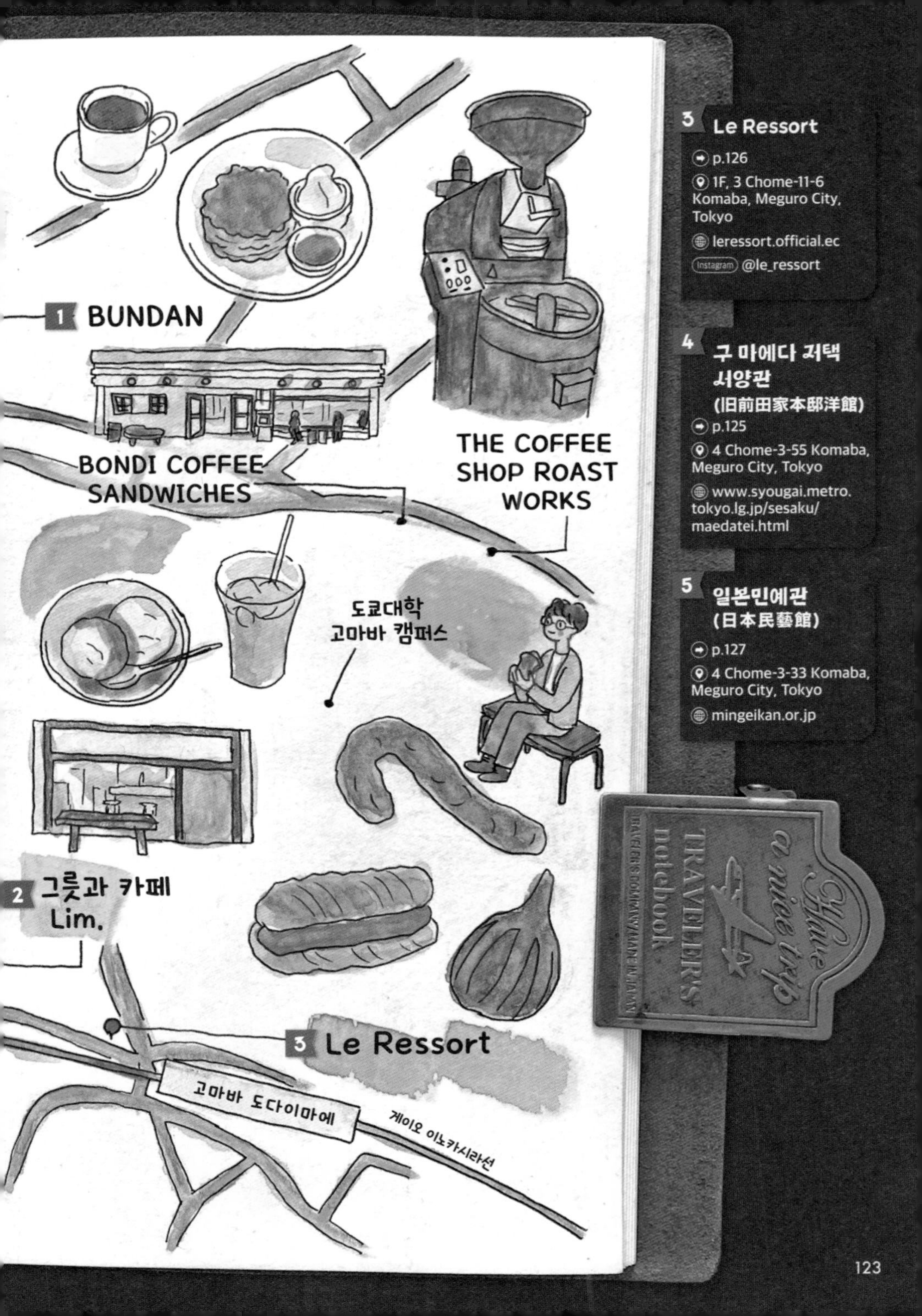

3 Le Ressort

p.126
1F, 3 Chome-11-6 Komaba, Meguro City, Tokyo
leressort.official.ec
Instagram @le_ressort

4 구 마에다 저택 서양관 (旧前田家本邸洋館)

p.125
4 Chome-3-55 Komaba, Meguro City, Tokyo
www.syougai.metro.tokyo.lg.jp/sesaku/maedatei.html

5 일본민예관 (日本民藝館)

p.127
4 Chome-3-33 Komaba, Meguro City, Tokyo
mingeikan.or.jp

그릇과 카페 Lim.

나무문을 열면 완만한 바 테이블이 매장 전면에 펼쳐진, 모던한 인테리어가 눈에 띕니다. 일본 작가의 그릇을 감상할 수 있는 갤러리도 있습니다.

말차라테를 주문하면 말차를 끓여서 내주기 때문에 다도를 하며 우아한 시간을 보내는 기분입니다. 일본식 디저트도 맛있어 보였어요!

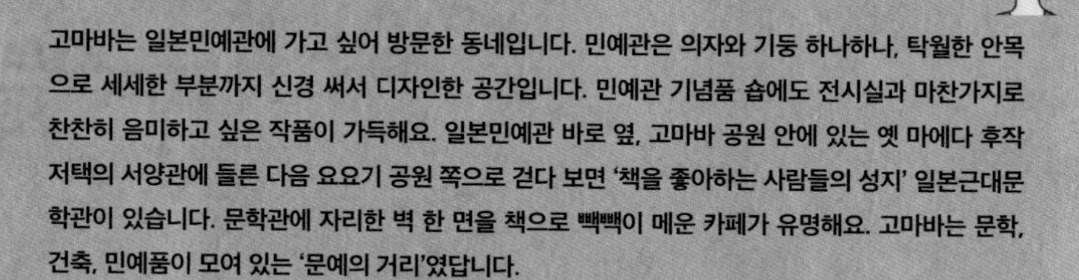

고마바는 일본민예관에 가고 싶어 방문한 동네입니다. 민예관은 의자와 기둥 하나하나, 탁월한 안목으로 세세한 부분까지 신경 써서 디자인한 공간입니다. 민예관 기념품 숍에도 전시실과 마찬가지로 찬찬히 음미하고 싶은 작품이 가득해요. 일본민예관 바로 옆, 고마바 공원 안에 있는 옛 마에다 후작 저택의 서양관에 들른 다음 요요기 공원 쪽으로 걷다 보면 '책을 좋아하는 사람들의 성지' 일본근대문학관이 있습니다. 문학관에 자리한 벽 한 면을 책으로 빽빽이 메운 카페가 유명해요. 고마바는 문학, 건축, 민예품이 모여 있는 '문예의 거리'였답니다.

가가번(加賀藩, 지금의 이시카와현, 도야마현에 해당한다)의 번주 마에다 가문의 16대 당주 마에다 도시나리(前田利為, 1885~1942, 일본 육군 장교) 후작의 저택이었던 건물입니다. 건물 사이는 복도로 연결됐는데 옆의 일본관과 부지 전체가 국가 지정 주요 문화재입니다.

붉은 양탄자에 샹들리에가 드라마틱한 계단.
화려한 후작가의 건물과 가구가 그대로 보존돼 있습니다.

마에다 집안에서 사용한
식기와 나이프, 포크 같은
은제 커틀러리도 전시되어 있습니다.

BUNDAN

일본근대문학관 안에 위치한 문학 카페. 매장 안에 있는 2만 권 남짓의 서적은 전부 열람할 수 있습니다. 차분한 공간에서 책을 읽거나 컴퓨터 작업을 하다 보면 시간이 가는 줄도 모를 것 같습니다.

문학 작품에 등장하는 요리를 재현한 메뉴가 재미있습니다.

규메시(めし, 소고기밥)

하야시 후미코의 《방랑기》에서

Le Ressort

게이오 이노카시라선 고마바 도다이마에역(駒場東大前, 고마바 도쿄대학교 앞)에 있는 세련된 프랑스 베이커리예요. 엄선된 재료를 사용한 빵은 하드롤, 조리빵 등 종류도 다양하고 맛도 좋습니다.

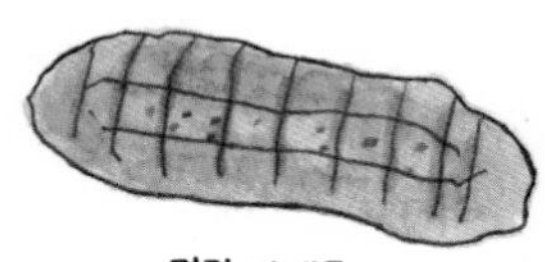

명란 바게트
명란과 버터크림을 사이에 바른 바게트

피스타치오 크림
호두빵 사이에 진초록색 피스타치오 크림을 바른 인기 빵

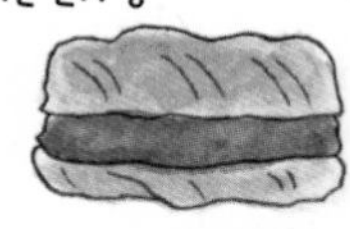

소금 버터 옥수수빵
옥수수가 한가득!

기념으로 구입한 혼조메(本染, 염색 기법의 하나) 냅킨
면에 쪽빛으로 염색한 천은 빨 때마다
점점 손에 익어서 마음에 쏙 듭니다.

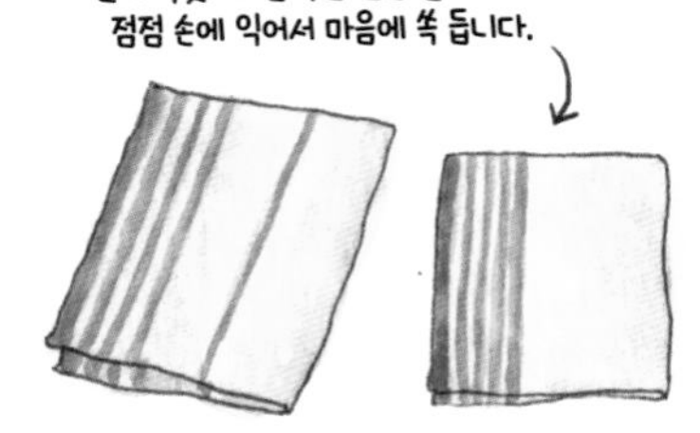

옛 야나기 무네요시(柳宗悦, 1889~1961) 저택 서관은
개관일이 정해져 있으니 홈페이지를 참고하시기 바랍니다.

일본민예관

1936년 '민예 운동'의 창시자인 야나기 무네요시가
개설한 미술관.
야나기가 높은 안목으로 모은 공예품을 전시합니다.

티켓 디자인도 옛 감성이 물씬 느껴져요!

주택가에 숨은 맛집이 많아서 가벼운 마음으로 들르기에 딱!

니시 오기쿠보

1 이구사하치만구 (井草八幡宮)

p.133

1 Chome-33-1 Zenpukuji, Suginami City, Tokyo

www.igusahachimangu.jp

2 니시오기 이토치 (西荻イトチ)

p.131

2 Chome-1-7 Nishiogikita, Suginami City, Tokyo

tea-kokeshi.jp

3 놈 카페 (ノムカフェ)

p.132

2 Chome-1-8 Nishiogikita, Suginami City, Tokyo

Instagram @nomcaphe.nishiogi

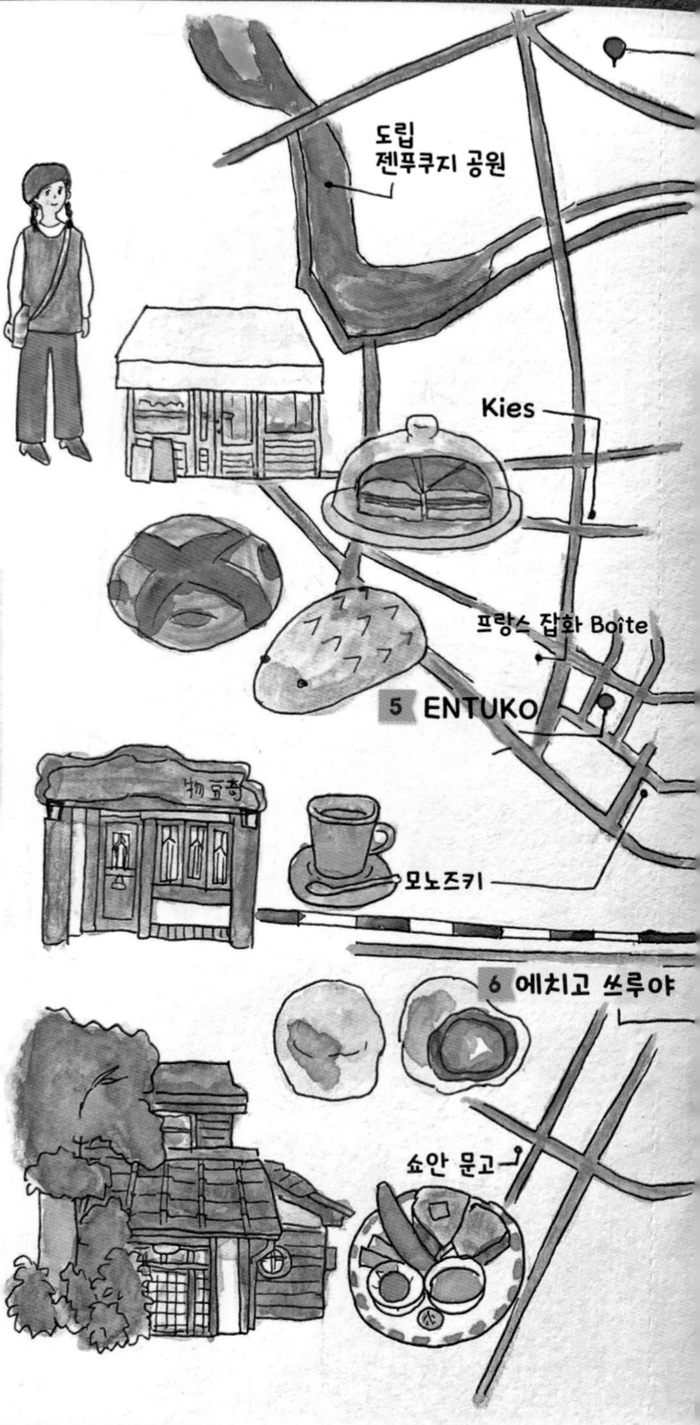

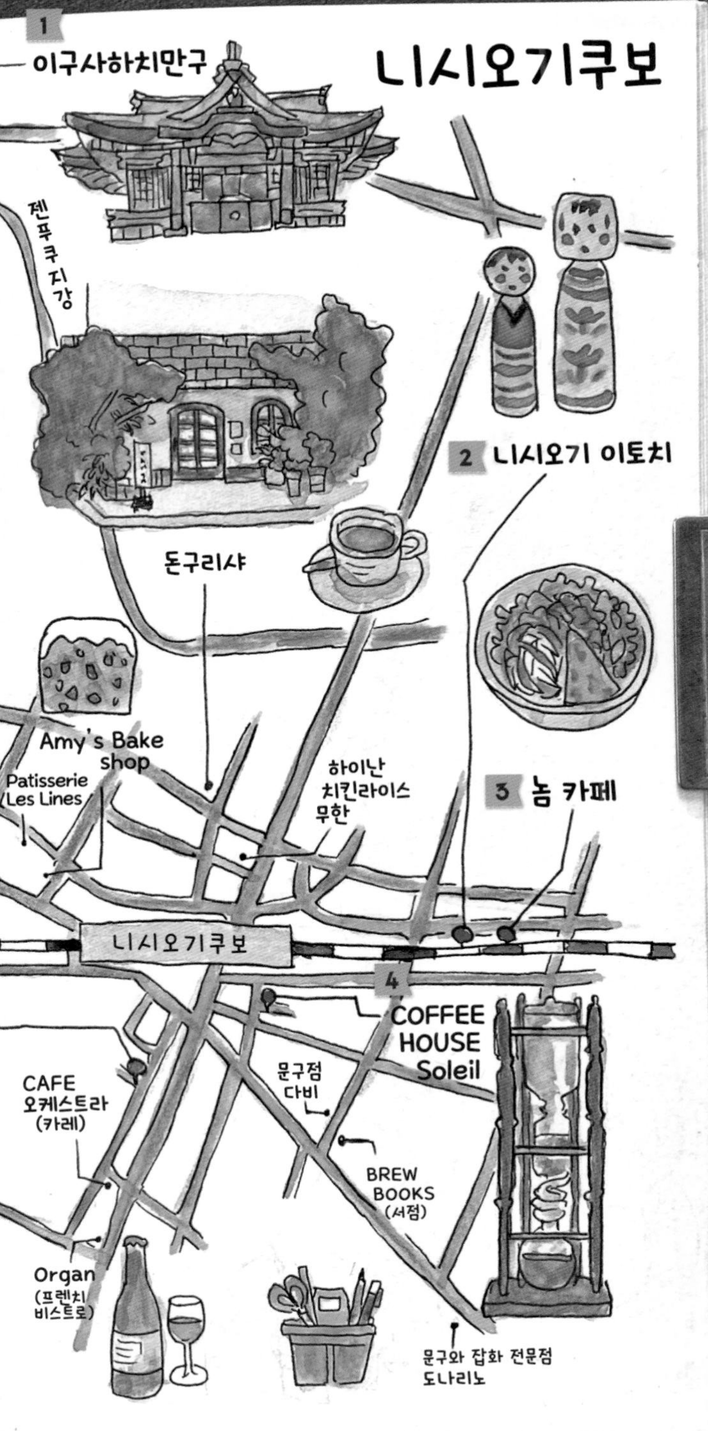

4 COFFEE HOUSE Soleil (COFFEE HOUSE それいゆ)

p.130

3 Chome-15-7 Nishiogiminami, Suginami City, Tokyo

Instagram @soleil_nishiogi

5 ENTUKO (えんツコ堂製パン)

p.133

4 Chome-3-4 Nishiogikita, Suginami City, Tokyo

Instagram @entuko

6 에치고 쓰루야 (越後鶴屋)

p.131

3 Chome-38-20 Shoan, Suginami City, Tokyo

omochiya.jp

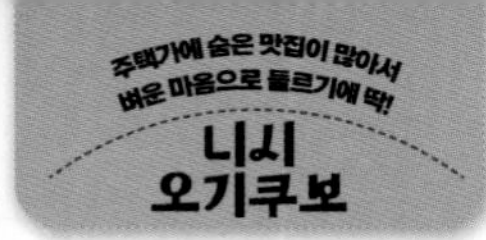

매장 중심에 자리를 마련해놓은 더치 커피 기계로 12시간에 걸쳐 커피를 추출합니다.

모닝

식빵을 두툼하게 썰어서 구운 토스트 세트

겉은 바삭하고 속은 부드러운 빵이 버터를 가득 머금고 있습니다.

COFFEE HOUSE Soleil

레트로한 분위기로
남녀노소 누가 와도 품어주는 노포 카페

더치 커피를 데워서 제공하는 블렌딩 커피

수예 도구와 자투리 천을 찾아서 여러 번 방문한 니시오기쿠보. 주택가에 숨어 있는 멋진 매장을 발견하면 마치 일상을 탈출해서 여행 온 것만 같아요. 멀리서 봐도 외관이 멋진 니시오기 이토치는 홍차와 전통 장난감 전문점. 이웃한 베트남 음식점은 고수밥이 일품이었습니다. 역 앞에 있는 솔레이유에서는 더치 커피를 즐길 수 있습니다. 에치고 쓰루야에서 촉촉한 이치고 다이후쿠(딸기찹쌀떡)를 사고 엔쓰코에서 어른들에게 인기 있는 고습도치빵을 구입한 후에 버스를 타고 이구사하치만구로 향했어요. 조몬시대 주거지 터와 토기가 발견된 신사로, 이곳에서 고슈인을 받았습니다.

니시오기 이토치

홍차가 맛있어서 찻잎을 구입했습니다.
차 생산지부터 차를 우리는 방법까지
정성스럽게 설명해줬어요.

홍차와 전통 장난감 매장
문을 열고 들어가면 왼쪽 벽면을 가득 채운
귀여운 고케시(こけし, 일본 도호쿠 지역의
목각 인형)가 반갑게 맞이해줍니다.
하나하나 표정이 달라서 보는 재미가 쏠쏠합니다.

골목 떡집. 엄선한 재료로
매일 직접 만들어 판매합니다.

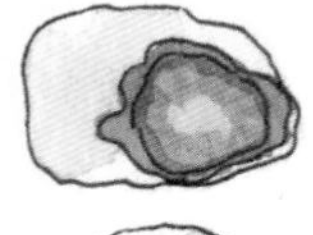

엄청난 인기를 자랑하는
이치고 다이후쿠.
부드럽고 씹는 맛이 좋아요.
떡으로 감싼 새콤달콤한 딸기는
홋카이도산 팥의 은은한 단맛과
절묘한 조화를 이루며 입안 가득 퍼집니다.

에치고 쓰루야

놈 카페

베트남 요리 전문점

혼자 오는 손님이 많고
조용한 분위기의 매장입니다.
손베 구이 같은 베트남 그릇도 인상적이에요.

고수밥

고수를 수북이 얹고 돼지고기,
채소 초절임에 달걀찜을 올린 다음
새콤달콤한 느억맘 소스를 뿌립니다.
맛있어서 자꾸자꾸 먹고 싶은
인기 메뉴예요.

베트남 커피

베트남 커피 필터인 카페 핀으로
진하게 추출한 커피에
연유를 타서 마십니다.

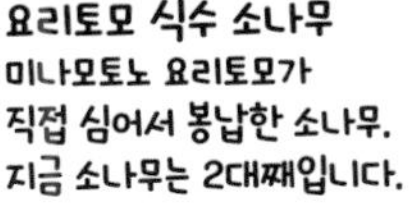

요리토모 식수 소나무
미나모토노 요리토모가
직접 심어서 봉납한 소나무.
지금 소나무는 2대째입니다.

이구사하치만구

미나모토노 요리토모(源頼朝, 1147~1119,
헤이안 시대를 종결시키고 가마쿠라 막부를 창립한 제1대 쇼군)가
승전을 기원하기 위해서 들렀다고 전해지는 신사입니다.
니시오기쿠보역에서 버스로 10분 거리
넓은 대지에 풀과 나무가 울창한 경내는 어딘가 장엄한 분위기가 감돕니다.

ENTUKO

식빵과 캉파뉴처럼 씹을수록 감칠맛이
느껴지는 식사류 빵은 전부 맛있습니다!
소믈리에 자격증이 있는 점주가 추천하는
와인도 판매하고 있어요.

카다멈 롤

니시오기 하리군
(니시오기 고슴도치빵)
뽑기 장난감으로 만들어진
시그니처 빵에는 벨기에 초콜릿이
들어 있습니다.

쫀득한 크루아상

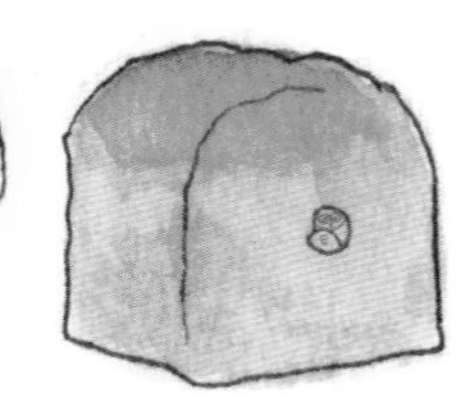

엔쓰코 토스트

1 기치조지 사토 (吉祥寺さとう)

p.139

1 Chome-1-8 Kichijoji Honcho, Musashino City, Tokyo

www.shop-satou.com

2 오자사 (小ざさ)

p.138

1 Chome-1-8 Kichijoji Honcho, Musashino City, Tokyo

www.ozasa.co.jp

3 쓰카다 수산 (塚田水産)

p.138

1 Chome-1-8 Kichijoji Honcho, Musashino City, Tokyo

tsukada-satsuma.com

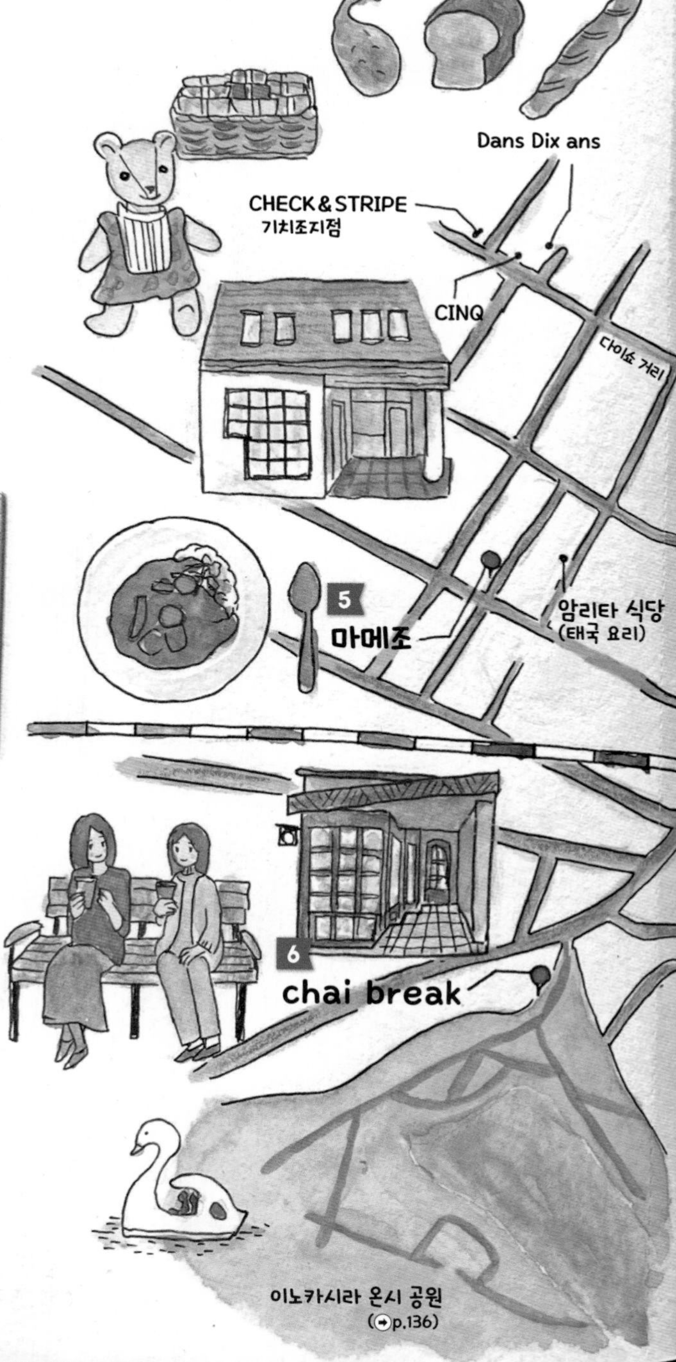

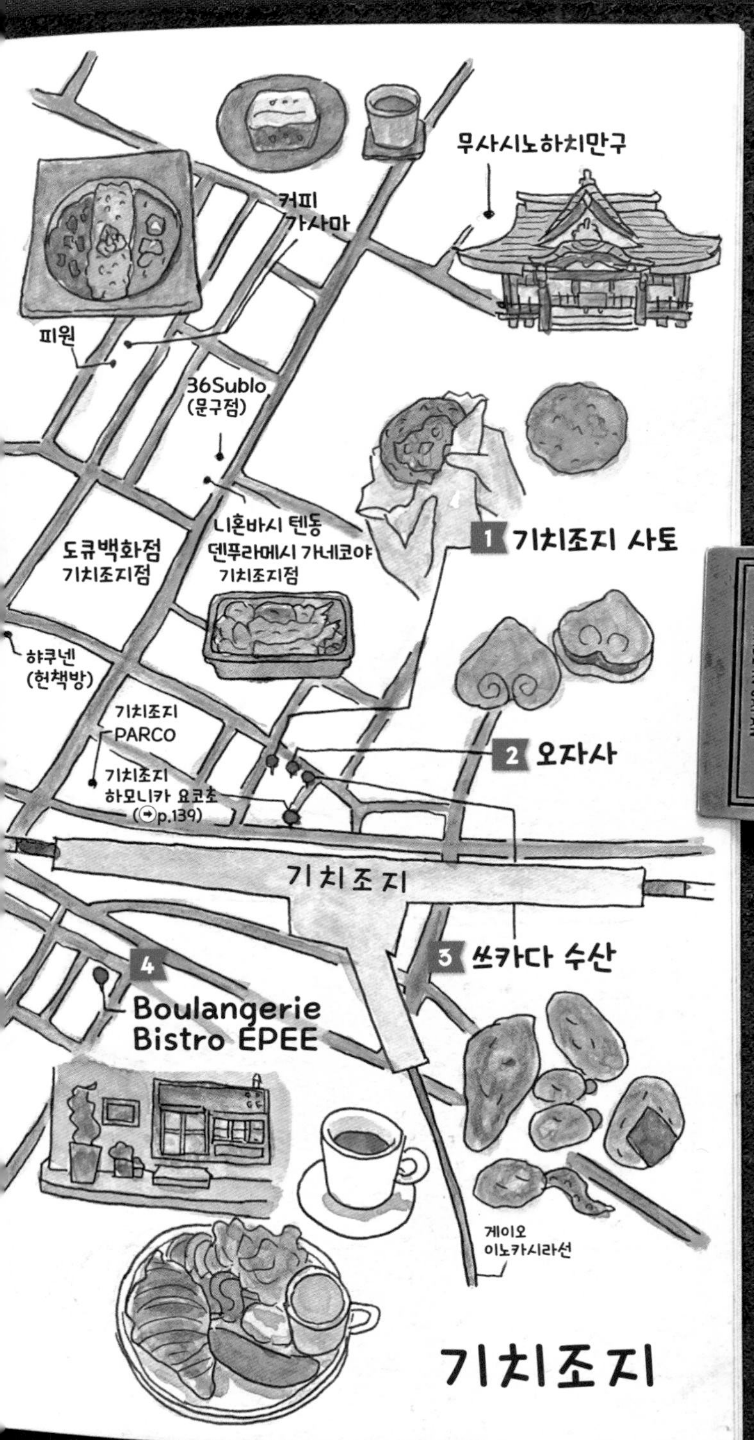

4 Boulangerie Bistro EPEE

p.137

1 Chome-10-4 Kichijoji Minamicho, Musashino City, Tokyo

www.mothersgroup.jp/shop/epee.html

5 마메조 (まめ蔵)

p.139

2 Chome-18-15 Kichijoji Honcho, Musashino City, Tokyo

p390500.gorp.jp

6 chai break

p.136

1 Chome-3-2 Gotenyama, Musashino City, Tokyo

www.chai-break.com

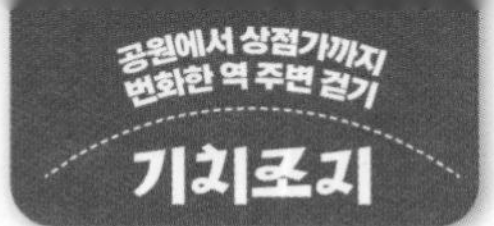

이노카시라 온시 공원

100년이 넘는 역사를 지닌 넓은 공원.
역에서도 가깝고 동물원과 광장이 있어서
시민들의 쉼터로 사랑받는 곳입니다.

chai break

스파이스 차이를
테이크아웃해서
공원으로

이노카시라 공원 옆에 있는 차이, 홍차 전문점.
정성스럽게 만든 차이는 향신료 향과
진한 우유로 마음까지 따뜻해지는 맛이에요.

기치조지역 근처에 편히 쉴 수 있는 이노카시라 공원이 있어서 깜짝 놀랐습니다. 먼저 차이 브레이크에서 차이를 테이크아웃해서 공원을 걸었습니다. 그런 다음 공원 바로 앞 블랑제리 비스트로 에페에서 빵을 사고 북적거리는 기지초지 다이아 거리를 산책했어요. 오자사의 모나카는 사흘이 지나도 겉이 바삭하고 고소합니다. 쓰카다 수산의 사츠마아게(어묵)는 비엔나 햄 같은 신기한 종류도 있습니다. 주저 없이 줄을 선 사토의 갓 튀긴 멘치카츠는 가족들도 아주 좋아했어요. 노포 카레 전문점 마메조는 혼자 온 손님도 하나둘 보였습니다. 활기 넘치는 거리의 분위기를 만끽한 시간이었습니다.

하드롤과 데니시 종류가 다양합니다.

Boulangerie Bistro EPEE

프랑스 분위기가 나는 세련된 비스트로와 빵집

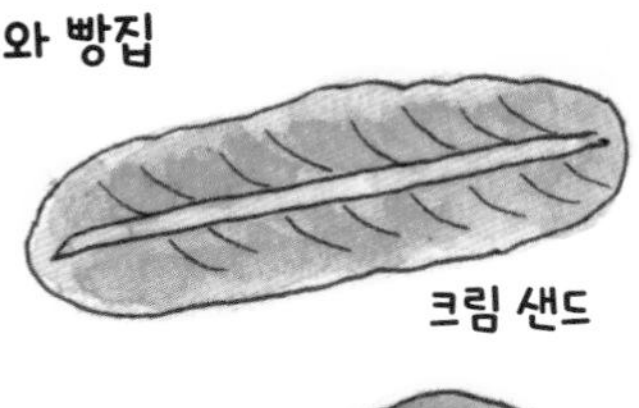

크림 샌드

안초비 올리브

올리브가 둥글둥글! 와인과 잘 어울립니다.

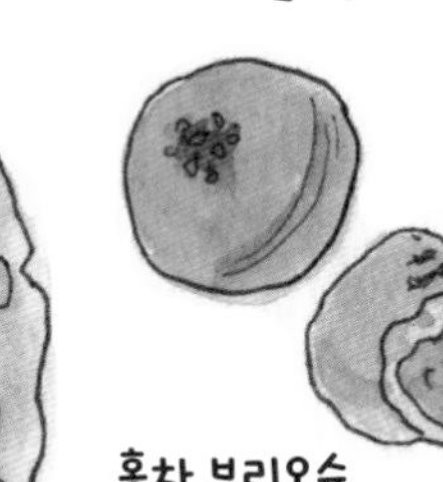

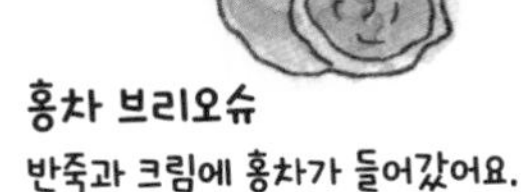

홍차 브리오슈

반죽과 크림에 홍차가 들어갔어요.

모나카는 팥소와 흰 팥소 두 가지가 있습니다.
부드럽고 촉촉한 소와 바삭한 식감의 과자로
입이 즐거웠습니다.

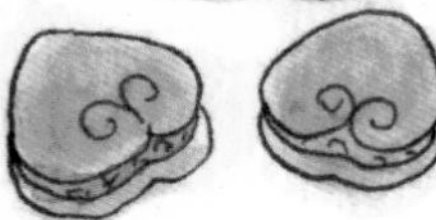

오자사

1951년에 문을 연 노포 화과자점.
상품은 이른 아침부터 줄을 서야만
살 수 있는 양갱과 모나카뿐.
손님들의 행렬이 끊이지 않는 곳입니다.

쓰카다 수산

수제 어묵과 오뎅(おでん, 어묵, 무, 곤약 등
다양한 재료를 넣어서 끓인 요리) 재료 전문점.
종류가 다양하고
다른 곳에서는 보기 힘든 슈마이(焼売),
비엔나 햄처럼 독특한 재료도 있어요.
사람들이 길게 줄 서는 인기 매장입니다.

기치조지 하모니카 요코초

세계대전이 끝난 후 암시장이 섰던 곳으로
일본 옛 정취가 물씬 풍기는 골목입니다.
작은 매장들이 100곳 넘게 늘어서 있어요.

기치조지 사토

상점가에서 눈에 띄게 긴 줄은
이곳의 멘치카츠를 사기 위한 사람들의 행렬입니다.
육즙이 가득한 고기에 달달한 양파도 듬뿍!
갓 튀겨서 더욱 바삭바삭!

마메조

향신료 향을 가득 품은
카레는 뭉근하게 졸여서
깊은 맛이 납니다.
라씨와 찰떡궁합!

접시의 일러스트가
귀여워요.

1978년에 문을 연 유럽풍 카레 전문점이에요.
아늑한 공간에서 정성 가득한 카레를 먹었습니다.

자주 사용하는 문구류 ❷

고등학생 때 세뱃돈을 모아 산, 지금까지 물감을 채워가며 꾸준히 사용하고 있는 윈저앤뉴튼의 고체 물감 팔레트. 사쿠라 크레파스의 수성펜(내수성 있음)과 파버카스텔의 색연필도 30년 넘게 애용하고 있어요. 스테들러의 워터 브러시는 사용 후에 휴지로 닦기만 하면 돼서 스케치 여행에 꼭 필요하답니다. 그리고 일본풍 그림에는 터너를, 사람을 그릴 때는 피부색 표현이 뛰어난 홀베인의 투명 수채 물감을 사용하는 등 그리고 싶은 것에 따라서 제조사를 구분해서 사용하는 것도 즐거워요.

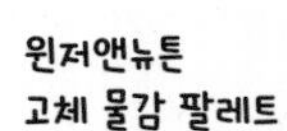

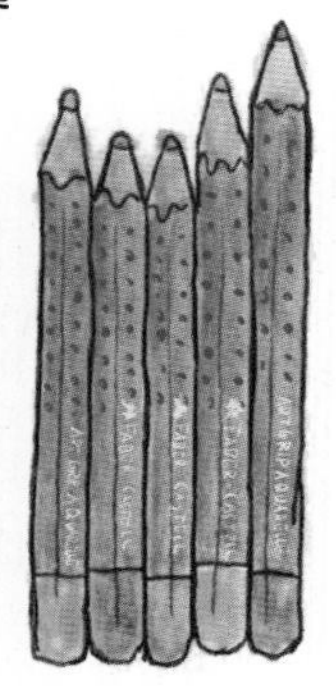

파버카스텔
색연필

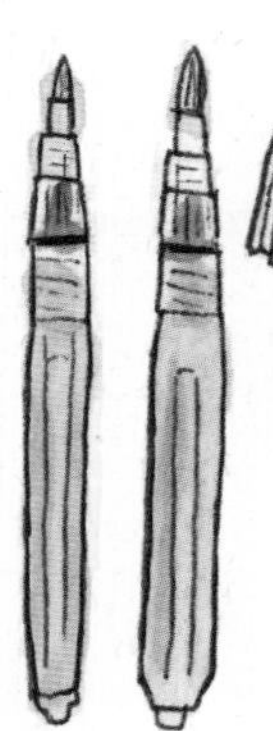

스테들러
워터 브러시

세필 중형

사쿠라 크레파스
수성펜 피그마

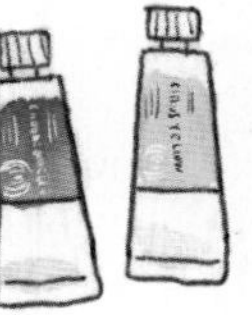

터너
투명 수채 물감

홀베인 HWC
투명 수채 물감

part 2

특별한 날을 즐기는 낮술 산책

커피 볶는 냄새에 이끌려 들어간 로스터리, 포도 수확부터 주조까지 직접 하는 와이너리, 유리창 너머로 보이는 양조 탱크에서 고품질의 수제 맥주를 만드는 브루어리까지, 이곳에서는 갓 완성된 것들을 맛볼 수 있습니다. 상품이 완성되기까지의 이야기를 들으면서 마시는 한잔은 더할 나위 없는 맛이며, 일상을 특별하게 만들어주죠. 어느 매장이나 생산자의 얼굴을 내걸고 자연이 준 혜택을 활용해서 자신만의 맛을 선보입니다. 마음에 드는 것을 구매하여 집에 가서 마셔도 행복한 시간을 보낼 수 있어요.

FEBRUARY COFFEE ROASTERY

p.144

2 Chome-28-18 Asakusa, Taito City, Tokyo

Instagram @februarycoffeeroastery

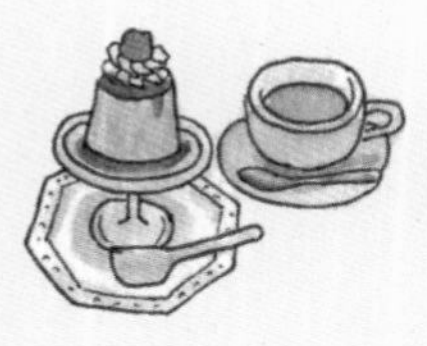

로스터리에서 보내는 여유로운 시간

예전에 와인 관련 회사에 근무해서 그런지 마실 것에는 늘 호기심이 발동하곤 해요. 그중에서도 눈길을 끄는 것은 점주의 센스가 넘치는 세련된 로스터리 카페입니다. 커피 볶는 냄새에 이끌려 두근두근 설레는 마음으로 매장 문을 열었습니다. 마음 내키는 대로 들른 카페에서도 맛있는 커피를 마실 수 있는 것은 수준 높은 카페들이 모여 있는 도쿄이기에 가능한 일이겠지요. 매장의 분위기를 즐기며 휴식을 취하거나, 마음에 드는 원두를 사서 집에서 여유 있게 커피 타임을 보내기도 합니다. 만족도가 높은 커피는 언제나 편안한 일탈감을 선사합니다.

용기를 내 직원에게 커피 원두 고르는 법을 물어보니 친절하게 특징을 알려줬습니다. 시음을 해

The Cream of the Crop Coffee

p.146

4 Chome-5-4 Shirakawa, Koto City, Tokyo

c-c-coffee.com

@thecreamofthecropcoffee

한게쓰 로스팅 연구소 (半月焙煎研究所)

p.145

102, 4 Chome-14-11 Kuramae, Taito City, Tokyo

www.fromafar-tokyo.com/hangetsuroastery

Instagram @hangetsuroastery

Coffee Wrights 구라마에

p.145

4 Chome-20-2 Kuramae, Taito City, Tokyo

coffee-wrights.jp

Instagram @coffeewrights_kuramae

본 것도 특별한 경험이었어요. 세대와 성별을 넘어 소통할 수 있는 것도 '커피'라는 공통 화제 덕분입니다. 마음에 드는 커피 원두와 만났을 때는 기분 좋은 하루를 보냈다는 만족감을 안고 집으로 발길을 돌립니다. 패키지 라벨이 귀여운 원두는 소중한 사람에게 주는 선물로도 제격이에요. 커피와 잘 어울리는 구움과자도 함께 구매했답니다.

여기에서 소개하는 곳들은 산책하다가 우연히 발견한 로스터리 카페입니다. 큼지막한 로스팅 기계와 깊은 맛의 커피를 만드는 데 열정을 쏟는 바리스타들을 만날 수 있습니다.

ONIBUS COFFEE 나카메구로

p.147

2 Chome-14-1 Kamimeguro, Meguro City, Tokyo

onibuscoffee.com

Instagram @onibuscoffee

페브러리
블렌드

향긋한 중배전의 원두

디저트 메뉴도 있어요.
푸딩이 인기!

분홍색의 로스팅 기계가 눈길을 끄는
귀여운 분위기의 로스터리 카페입니다.
문을 열면 커피 볶는 향기와
매장에서 직접 굽는 과자 냄새로 행복해져요.

FEBRUARY COFFEE ROASTERY(아사쿠사)

Coffee Wrights(구라마에)

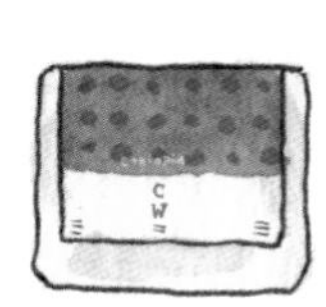

커피 라이트는 '커피를 만드는 사람'을
의미한다고 해요.
커피를 사랑하는 바리스타들이
친절하게 응대해주며,
2층에 마실 공간이 있어 공원을 보면서
커피 한잔의 여유를 누렸습니다.

에티오피아
중배전 내추럴
산뜻하고 과일 향이 풍부합니다.

한게쓰 로스팅 연구소(구라마에)

킷사 한게쓰 옆에 있는 로스터리 카페.
직접 볶은 원두를 판매하며,
테이크아웃으로 커피를 맛볼 수 있습니다.
점주의 센스가 엿보이는 차분한 분위기의 공간으로,
원두 패키지도 예뻐서 선물로 구매했어요.

The Cream of the Crop Coffee
(기요스미시라카와)

주문이 들어오면 원두를 갈아서
핸드드립으로 커피를 내려줍니다.
커피는 바디감이 풍부하고 밸런스가 좋습니다
커피 맛에 눈을 떴어요!

거대한 미국산 로스팅 기계가 주역인 창고는
널찍한 공간에 소파가 놓여 있어
편하게 맛있는 커피를 음미할 수 있습니다.

구입한 원두 패키지에도
강아지 일러스트가!

강가에 있는 창고를 리모델링해 매장을 운영 중이며,
깜찍한 강아지 일러스트를 로고로 사용합니다.
기요스미시라카와가 '커피의 거리'라고 불리게 된
계기가 바로 이 로스터리예요.

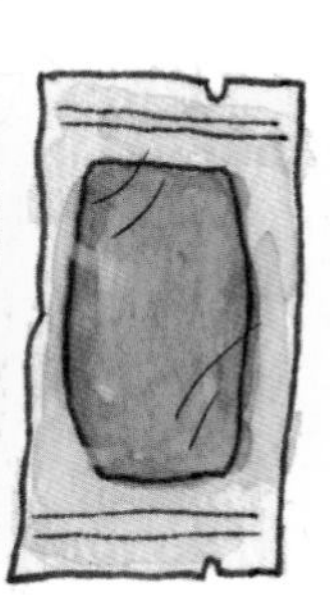

파리의 홍차 브랜드
벳주망앤바통(Betjeman & Barton)의
홍차와 제과도 취급합니다.

1층에는 커피를 받아서
바로 앉을 수 있는 벤치가 있어요.

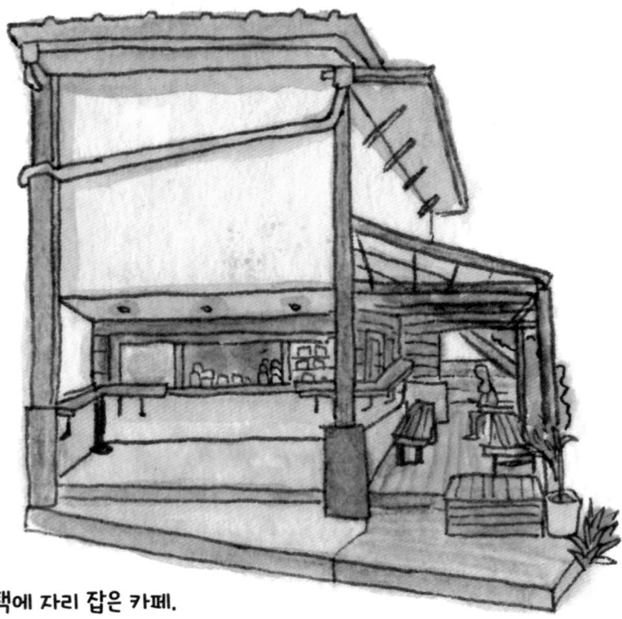

옛 일본집의 정취가 묻어나는 주택에 자리 잡은 카페.
바로 앞에 공원도 있어, 지하철역과 가까우면서
편하게 쉴 수 있는 장소입니다.
오니부스(onibus)란 포르투갈어로 '공공 버스'를 뜻하며
만인을 위하겠다는 마음을 담았다고 해요.

ONIBUS COFFEE
(나카메구로)

공원과 전철이 보이는
2층의 창가 자리가 인기 있습니다.

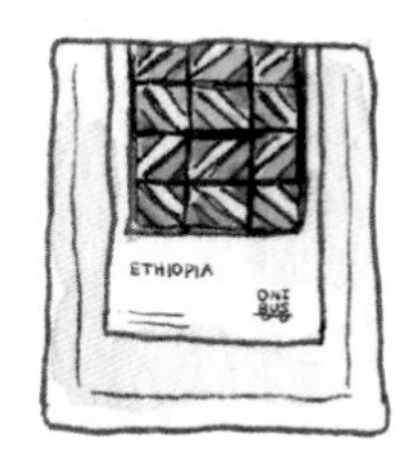

그래픽 아트 라벨이 멋진 커피 원두 패키지
맛있는 커피와 만났습니다.

시부야 와이너리 도쿄
(渋谷ワイナリー東京)

p.150

3F, MIYASHITA PARK North, 6 Chome-20-10 Jingumae, Shibuya City, Tokyo

www.shibuya.wine

Instagram @shibuyawainery_tokyo

신선한 와인을 맛보는 호사

와인 사랑이 깊어지면서 와인 전문가 자격증까지 취득한 저는 도쿄에도 훌륭한 와이너리가 있다는 이야기를 듣고 견학을 갔습니다. 방문한 양조장 모두 열정을 쏟아 와인을 만들고 있었는데, 무엇보다 놀란 점은 포도 생산지인 야마나시와 나가노까지 가서 포도를 수확한 후 도쿄로 가져와 와인을 담그는 도시형 와이너리라는 것이었어요. 이는 프랑스의 와인 거래상이 밭을 소유하지 않고 농가에서 포도와 과즙을 구매한 다음 자기 회사에서 제품화하는 방식과 비슷합니다. 오이즈미가쿠엔에 있는 와이너리에서는 네리마와 구니타치에서 수확한 포도로 와인을 담가서 판매하고 있었어요. 유리창 너머로 술 빚는 모습과 작업 공정을 직접 살펴보기도 하고 포도 따기 체험도 해 보니 '와인은 자연의 혜택으로 탄생한 음료'라는 느낌이라기보다는 살아 숨 쉬는 존재처럼 여겨졌

도쿄 와이너리
(東京ワイナリー)

p.153

2 Chome-8-7 Ōizumigakuenchō, Nerima City, Tokyo

www.wine.tokyo.jp

Instagram @tokyowinery

기요스미시라카와 후지마루 양조장
(清澄白河フジマル醸造所)

p.152

2 Chome-5-3 Miyoshi, Koto City, Tokyo

www.papilles.net

후카가와 와이너리 도쿄 (深川ワイナリー東京)

p.151

1F, 1 Chome-4-10 Furuishiba, Koto City, Tokyo

www.fukagawine.tokyo

Instagram @fukagawawinery_tokyo

습니다.

생산자에게 개발 과정을 물어보면서 갓 완성된 신선한 와인을 마시는 시간은 더없는 호사였습니다. 생산자가 누구인지 아는 와인을 직접 마셔보는 행복을 누렸답니다. 라벨에 그려진 일러스트와 무늬를 살펴보는 것도 즐거웠어요. 와인을 좋아하는 사람이라면 꼭 시음(유료인 경우도 있습니다)해보시기를 추천합니다.

비스트로와 레스토랑을 같이 운영하는 와이너리에서는 궁합이 좋은 와인과 요리를 점심 식사로 먹었습니다. 팩에 담은 와인은 생각보다 무겁지 않아서 선물로도 좋아요. 오크통에서 바로 따른 신선한 와인의 맛을 자택에서도 즐길 수 있답니다.

Book Road 포도장인 (Book Road 葡蔵人)

p.153

3 Chome-40-2 Taito, Taito City, Tokyo

www.bookroad.tokyo

시부야 와이너리 도쿄 (시부야)

시부야역 근처 멋스러운 건물 '미야시타 파크(MIYASHITA PARK)'의 3층에 있는 비스트로 겸 도시형 와이너리입니다. 가을에는 나가노와 야마나시까지 가서 포도를 수확하고 봄에는 뉴질랜드와 호주에서 보내온 포도로 와인을 담급니다. 갓 담근 와인을 오크통에서 바로 따라서 즐길 수 있어요.

견학 후 즐기는 테이스팅

와이너리 주조 책임자 기무라 씨

피자주(Pigeage, 발효할 때 떠오른 포도 껍질 가라앉히기) 작업은 포도 껍질 성분을 포도즙으로 추출하는 중요한 과정

착즙기
발효된 포도 껍질과 포도즙을 짜서 스테인리스 탱크로 옮깁니다.

양조장 견학과 시음(유료)
와인을 좋아한다면 꼭 방문해보시기 바랍니다. 바 테이블 자리에서도 볼 수 있어요.

시부야 와이너리 도쿄

부담 없이 와인을 구매할 수 있도록
팩 와인도 판매합니다!
게다가 오크통에서 바로 따른 것이기 때문에
신선한 상태로 집에서 마실 수 있습니다.

비스트로에서 오늘의 파스타를
점심으로 먹었어요.
생면이 쫀득쫀득해서 맛있었습니다.

바 테이블에서는
유리창 너머로 양조장이 보여서
작업 과정을 보면서
와인을 즐길 수 있습니다.

가네코 씨와 미야타 씨가 처음으로 상품화한 와인
카베르네 쇼비뇽 '세라비(C'est la vie)!'입니다.
'그것이 인생!'이라는 의미의 프랑스어로
가볍게 즐길 수 있는 와인이에요.

후카가와 와이너리 도쿄 (몬젠나카초)

시부야 와이너리 도쿄에서 마신 와인이 맛있어서
자매점인 후카가와 와이너리 도쿄에도 가봤습니다.
이곳도 나가노와 야마나시에 직접 포도를 수확하러 간다고 해요.
포도 따기 체험이나 술 빚기 견학 등 다양한 행사를 개최합니다.

소믈리에&양조사
미야타 씨

새로 취임한 양조장 대표
가네코 씨

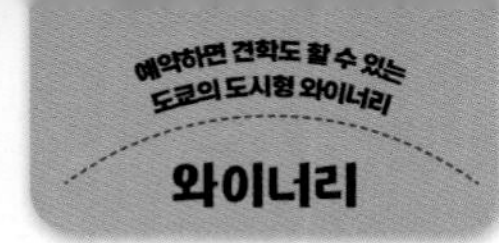

기요스미시라카와 후지마루 양조장

(기요스미시라카와)

레스토랑을 이용한 후에
양조장을 견학할 수 있습니다.
주로 동일본 농가에서 포도를 구입해서
와인을 만든다고 합니다.

건물 2층에 입구가 있는데 마치 은신처 같은 느낌의
이탈리안 레스토랑을 함께 운영하는 와이너리입니다.
제철 재료를 사용한 요리는 수준이 높고 와인과 잘 어울립니다.
자사 와인 외에도 국내외 200가지의 와인을 제공합니다.

가을에는 유리창 너머로
와인 담그는 모습을 볼 수 있어요.
정성스럽게 즙을 짜내는 모습을
지켜봤습니다!

도쿄 와이너리 (오이즈미가쿠엔)

세이부 이케부쿠로선 오이즈미가쿠엔역에서 도보 10분 거리.
도쿄에 처음 생긴 와이너리입니다.
네리마산과 구니타치산 포도로 담근 와인도 있습니다.

스파클링 와인을
병에 담아서 가지고 가는
'TAP Sparkling'은
도시형 와이너리이기에 가능!
직접 고른 와인과
잘 어울리는 식재료가
병에 그려져 있어요.

Book Road 포도 장인 (나카오카치마치)

나카오카치마치역에서 도보 2분 거리에 있는
도시형 와이너리

나가노현과 야마나시현의 계약 재배 농가와
이바라키현의 자사 농장에서 수확한 포도로 와인을 빚습니다.
매장 1층에서는 유료로 와인 시음을 할 수 있습니다.
3층에는 직영 레스토랑이 있어
페어링 런치를 즐길 수 있답니다!

KUNISAWA BREWING Co.

p.156

2F, 5 Chome-31-7 Shinbashi, Minato City, Tokyo

www.kunisawabrewing.tokyo

개성 넘치는 어반 브루어리로

매장에서 갓 만든 크래프트 맥주를 마실 수 있는 어반 브루어리로 향했습니다. 브루어리 가운데서도 도심에 늘어나고 있는 소규모의 양조장을 '마이크로 브루어리(Micro Brewery)'라고 부릅니다. 이들은 과일을 원료로 한 오리지널 맥주를 개발하거나 지역에 뿌리내린 매장과 함께 컬래버레이션 메뉴를 개발하기도 하고, 브루어리 레스토랑으로서 술과 잘 어울리는 요리를 만들어내기도 해요. 이처럼 틀에 얽매이지 않고 도전하는 모습이 돋보이는 곳으로, 고객층과 규모도 브루어리에 따라 다양했습니다.

100년 이상 이어온 주점이 발 벗고 나서서 만든 맥주당 가스가이는 구니타치의 조용한 주택가에 자리를 잡았습니다. 젊은이부터 어르신까지 다양한 연령층이 방문하는 곳이에요. 오쿠신바시에 있는 쿠니사와 브루잉은 오리지널 문구류를 제작했던 노포 활판인쇄소가 세운 신바시 양조장입

후타코 맥주 양조장 (ふたこビール醸造所)

p.159

2F, 3 Chome-13-7 Tamagawa, Setagaya City, Tokyo

futakobeer.com

Instagram @futakobrewery

Okei Brewery Nippori

p.158

5 Chome-37-4 Higashinippori, Arakawa City, Tokyo

Instagram @okei_brewery_nippori

맥주당 KASUGAI (麦酒堂 KASUGAI)

p.157

3 Chome-17-27 Higashi, Kunitachi City, Tokyo

b-kasugai.com

니다. 직접 개발한 크래프트 머신을 도입하는 시도 등이 인상적이었습니다.
술을 마시면 바로 얼굴이 빨개질 만큼 술이 약한 저에게 딱 맞는 메뉴는 여러 맥주를 비교하면서 마실 수 있는 비어 플라이트입니다. 좋아하는 맥주를 골라서 조금씩 다양한 종류를 맛볼 수 있어서 참 즐거워요. 세타가야구 후타코타마가와의 후타코 맥주 양조장에서는 세타가야산 홉으로 맥주를 만드는 등 지역 활성화와 연계한 도전이 매력적입니다. 온도와 탄산을 유지한 채로 운반할 수 있는 '그라울러(GROWLER)' 텀블러를 사용하면 맥주도 테이크아웃할 수 있습니다. 세상의 진화와 더불어 테이크아웃 문화가 달라졌다는 것을 깨달았어요.

Far Yeast Tokyo

p.159

1 Chome-15-6 Nishigotanda, Shinagawa City, Tokyo

faryeast.com/bar/brewery-grill

Instagram @faryeastbrewing

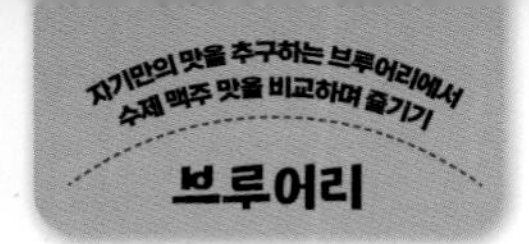

KUNISAWA BREWING Co. (신바시)

신바시역에서 조금 떨어진 오피스 거리의 클래식하고 아름다운 건물에 자리 잡은 브루펍(Brewpub, 브루어리(brewery)와 펍(pub)의 합성어).
1971년부터 인쇄소를 운영했던 곳에 양조장을 세워 크래프트 맥주를 만들고 있습니다.
1층이 양조장이고 2층이 펍이에요.

맥주와 찰떡궁합인 안주를 제공합니다.
모둠 소시지

신바시 에일

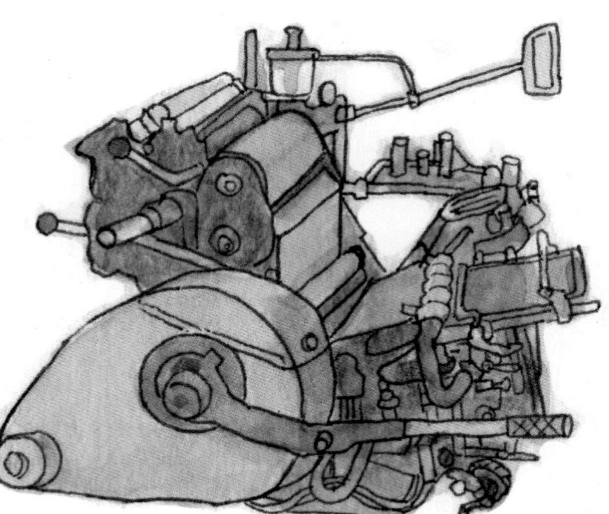

신바시 클래식 라거

비어 플라이트
마음에 드는 수제 맥주를 골라
비교하며 마시기!

맥주당 KASUGAI
(구니타치)

구니타치에서 100년이 넘는 역사를 이어온
주점 '세키야'의 브루어리와 맥주 레스토랑.
일본식 모던함을 강조한 넓은 공간에 테라스 자리도 있습니다.
구니타치역에서 도보 15분 거리이며, 예약하고 방문하는 것을 추천합니다.
구니타치역 근처에 주점과 탭 스탠드(TAP STAND, 마음에 드는 수제 생맥주를
필요한 양만큼 디스펜서에서 따라 판매하는 곳)가 있어서
선물을 구매하기에도 좋아요.

점심 메뉴는
맥주 튀김옷으로 만든 튀김 정식에
미니 맥주를 함께!
튀김이 바삭바삭합니다.

Okei Brewery Nippori (닛포리)

닛포리역에서 도보 6분 거리의 주택가 한편에 브루펍이 있습니다.
함께 운영하는 브루어리에서 만든 크래프트 맥주와
본격적인 요리를 즐길 수 있어요.
선글라스 간판이 이 브루어리의 상징입니다.

유리창 너머로
주조 탱크를 볼 수 있습니다.

프랑스 음식을 베이스로 한
요리들은 정성이 가득하고
종류도 다양해요.
맥주와 잘 어울립니다.

생강 닭 간 조림을
추천해요!

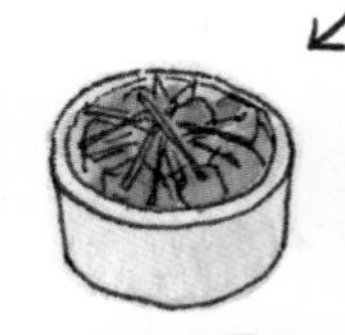

후타코 맥주 양조장 (후타코타마가와)

후타코타마가와에서 지역에 뿌리를 둔
맥주를 만들고 있는 브루펍입니다.
매장에서 만든
신선한 맥주와 안주를 즐길 수 있습니다.
페일 에일과 라거뿐만 아니라
지역 농산물을 활용한 맥주도 있어요.

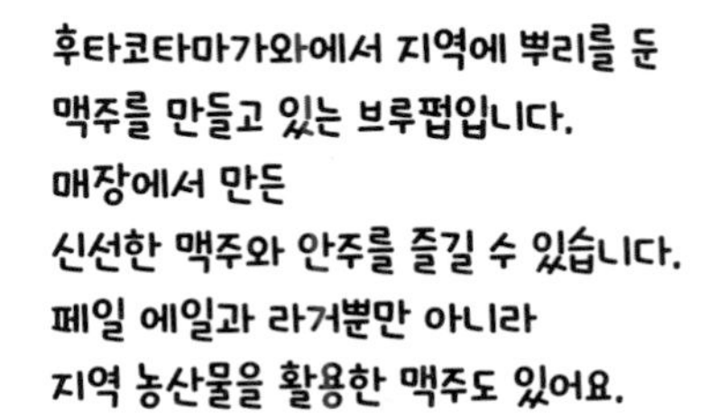

점장 구리모토 씨

맥주 담글 때 나온
보리 찌꺼기를
닭 모이로 주고
그 닭이 낳은 달걀로 만든
달걀말이입니다.

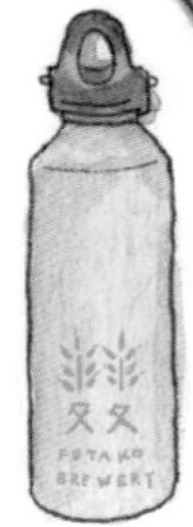

테이크아웃도 가능!

강변에서 맥주를
즐기고 싶은 사람에게는
그라울러(맥주 전용 텀블러)
대여도 OK!

'비어 플라이트'는 샘플러 세트로,
맛을 비교하면서 즐길 수 있습니다.

Far Yeast Tokyo
(고탄다)

JR 고탄다역에서 도보 5분 거리
고가도로 아래에 있는 멋진 브루어리 레스토랑입니다.
널찍한 공간에 차분한 분위기예요.
야마나시현 고스게무라에 있는 양조장에서 직송한
수제 맥주는 과일 향이 풍부하고 산뜻해서
여성들에게 특히 인기가 많습니다.

산책 스케치

웨이팅할 때나 거리에서 그린 그림

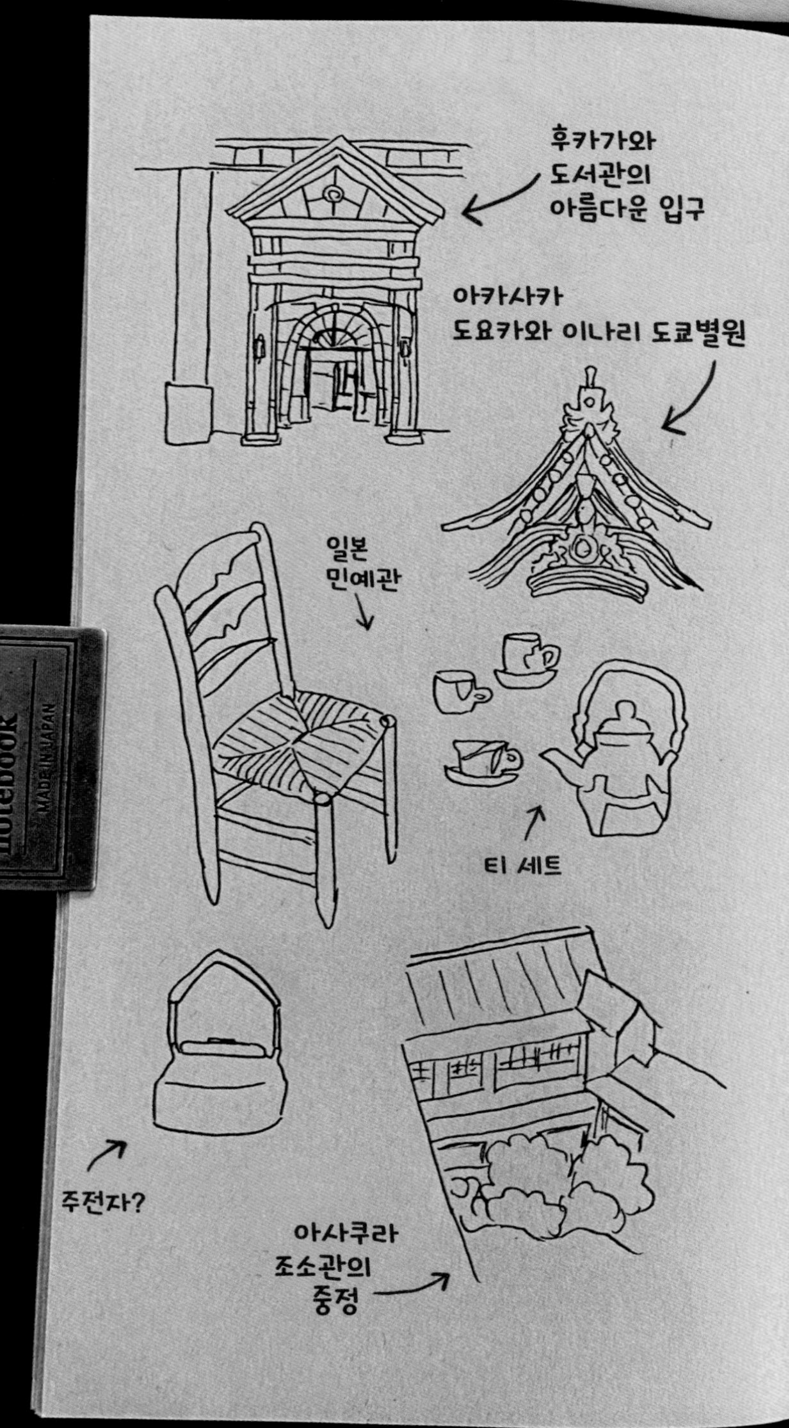

줄을 서서 기다릴 때나 카페에서 느긋하게 커피를 마시면서 그린 그림입니다. 눈에 띄는 사람들과 건물, 잊고 싶지 않은 풍경은 늘 이렇게 트래블러스 노트에 연필과 펜으로 그려놓아요.

트래블러스 노트와 함께하는

도쿄 골목 산책

펴낸날 초판 1쇄 2025년 5월 30일

지은이 Tamy
옮긴이 남가영

펴낸이 임호준
출판 팀장 정영주
책임 편집 박인애 | **편집** 조유진 김경애
디자인 김지혜 | **마케팅** 이규림 정서진
경영지원 박석호 박정식 유태호 신혜지 최단비 김현빈

인쇄 (주)웰컴피앤피

펴낸곳 비타북스 | **발행처** (주)헬스조선 | **출판등록** 제2-4324호 2006년 1월 12일
주소 서울특별시 중구 세종대로 21길 30 | **전화** (02) 724-7648 | **팩스** (02) 722-9339
인스타그램 @vitabooks_official | **포스트** post.naver.com/vita_books | **블로그** blog.naver.com/vita_books

ISBN 979-11-5846-443-1 13980